计算机开源丛书 · 开源创新在中国系列

中国计算机学会推荐

开源创新

数字化转型与智能化重构

陆首群　著

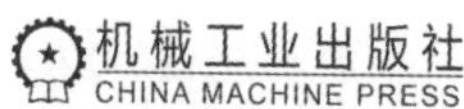

陆首群教授是我国信息化的开拓者和实践者，同时也是我国开源运动的倡导者和推动者，近年来又亲力亲为参与基于开源的深度信息技术（云原生、大数据、区块链等）发展的讨论及点评，并推动其发展，几十年来为信息产业发展和开源兴起做出了重要贡献。本书汇聚了陆首群教授在过去29年来的文章、报告、谈话、评论等数十篇作品，不仅详细展示了中国开源事业的发展历史和未来走向，也生动记述了陆首群教授在这一历史进程中的实践、观察和思考。

本书具有重要史料价值和现实指导意义，适合开源领域的从业人员、开发者、学生，以及IT、计算机和互联网等行业的有关人士阅读、借鉴和参考。

图书在版编目（CIP）数据

开源创新：数字化转型与智能化重构 / 陆首群著. —北京：机械工业出版社，2022.7（2023.3重印）

（计算机开源丛书. 开源创新在中国系列）

ISBN 978-7-111-71843-7

Ⅰ. ①开…　Ⅱ. ①陆…　Ⅲ. ①软件开发　Ⅳ. ① TP311.52

中国版本图书馆CIP数据核字（2022）第194744号

机械工业出版社（北京市百万庄大街22号　邮政编码 100037）

策划编辑：梁　伟　　　责任编辑：游　静

责任校对：史静怡　张　薇　封面设计：马精明

责任印制：常天培

北京宝隆世纪印刷有限公司印刷

2023年3月第1版第2次印刷

148mm × 210mm · 7.125印张 · 2插页 · 200千字

标准书号：ISBN 978-7-111-71843-7

定价：89.00元

电话服务

客服电话：010-88361066

010-88379833

010-68326294

网络服务

机　工　官　网：www.cmpbook.com

机　工　官　博：weibo.com/cmp1952

金　书　网：www.golden-book.com

机工教育服务网：www.cmpedu.com

计算机开源丛书编委会

推荐序

如果推荐2021年中国在“开源”领域的三件大事，那么，“开源”写入《中华人民共和国国民经济和社会发展第十四个五年规划和2035年远景目标纲要》必然位列其中，这是“开源”第一次出现在国家五年规划中。如果推荐2021年中国计算机学会（CCF）在“开源”领域的三件大事，那么，CCF开源发展委员会（CCF ODC）成立应该位列其中，这是CCF通过学术共同体治理架构建设开源创新联合体的有益探索。如果推荐2021年CCF ODC的三件大事，那么，CCF ODC与机械工业出版社合作推出“计算机开源丛书”之“开源创新在中国系列”应该位列其中，我们希望通过这个系列记录开源创新在中国的生动实践。

十分荣幸的是中国开源软件推进联盟名誉主席陆首群先生的著作《开源创新：数字化转型与智能化重构》作为“开源创新在中国系列”的第一部作品出版。陆先生的著作为我们认识“开源创新”提供了独特的中国视角，即中国信息化道路选择与开源创新。中国与开源创新结缘源自国家主动融入全球IT创新生态网络中，这里有三个重要里程碑事件值得关注：第一个事件就是20世纪90年代初期中国引进UNIX SVR 4.2，第二个事件就是20世纪90年代中期互联网在中国的建立与快速普及，第三个事件就是世纪之交Linux操作系统和开源软件思想在中国广泛传播。在此期间，陆先生在国家信息化推进部门的重要岗位上工作，是这三个重要里程碑事件的亲历者。世纪之交，中国主动融入全球开源软件创新生态网络中，这个阶段，陆先生虽然已经离开政府信息化决策管理岗位，但仍高度关注并亲自推动开源创新在中国的实践，为我国开源创新做出了独特贡献。本书生动记述了这个历史进程中陆先生的实践、观察和思考，对于读者全面理解开源创新在中国信息化历程中的作用具有重要史料价值和现实指导意义。

Linux进入中国是我国开源创新的里程碑事件，但是有些年轻读者对这个里程碑事件不甚了解，甚至不以为然。我理解，该事件的意义不仅在于开源思潮缘起当年AT&T UNIX开源与闭源的纠葛，更重要的是UNIX SVR 4.2成为开放系统思想和实践的重要成果，对于全球软件创新生态网络的形成和发展具有标志性意义。实际上，UNIX SVR 4.2的成果使得开放系统思想与技术被产业界广泛接受，极大提升了软件技术的全球渗透性，加速了全球信息化的进程，为开源创新提供了基础或土壤。中国引进UNIX SVR 4.2源代码，不仅标志着我国主动加入全球软件创新生态网络，还为后来Linux操作系统在中国传播提供了人才和技术准备。以我本人为例，20世纪90年代初我获得博士学位走上工作岗位后，就是通过UNIX SVR 4.2接触了开放系统思想，之后自然而然地开始关注开源软件和开源创新，进而基于国际开源生态开展分布对象中间件研究和技术创新实践。当然，还有许多读者可能没有意识到互联网在中国快速普及对于开源创新在中国落地具有里程碑意义。我体会，该事件不仅因为开源创新伴随互联网的发展而发育，成为全球软件创新生态的新锐模式，更重要的是互联网带来的新的不确定性时代为开源创新的成功实践提供了历史机遇。

20世纪90年代中后期是互联网快速普及的时期，也是微软Windows操作系统占领全球市场（包括中国市场）的时期。在这个时期，人们对于Windows操作系统在全球软件创新生态中的地位似乎形成了两个共识：一是Windows操作系统在个人计算机操作系统的市场地位难以撼动；二是Linux操作系统的开源创新模式不可能挑战Windows操作系统的闭源商业模式。然而，当Linux操作系统在新发展起来的互联网服务中获得商业成功后，人们注意到，面对充满不确定性的互联网新时代，包容多样性的开源创新模式优于拒绝多样性的传统闭源商业模式。开源创新为我国自主发展关键软件提供了新的路径选择。

在我国政府、产业界、学术界、开源社区和关键领域用户的共同努力下，经过20多年的不懈探索，我国开源创新取得了历史性成就。我国初步具备了在国际开源创新生态中自主发展操作系统、数据库管理系统、中间件系统等基础软件的能力；我国已经成为全球参与开源软件贡献代码人数增长最快的国家；我国主导的开源操作系统、人工智能框架等“根社区”已经具有一定市场竞争力。人类正在进入一个“人机物”三元融合、万物智能互联的泛在计算新时代，该时代具有更大的不确定性，开源创新仍然是应对这种不确定性的有效创新范式。开源软件在互联网时代取得的巨大成就，不仅孕育了新的软件开发范式，更改变了软件产业格局，催生了众包众智等新型经济模式，其独特的社区文化和协作方式所产生的影响也远远超出了软件领域。我国应该更加主动自觉地发展开源创新机制，解决开源创新中面临的新问题，在开放积累中创新，在共创共享中发展，努力成为“人机物”三元融合的万物智能互联时代的全球开源创新高地。

本系列丛书希望记录更多开源创新在中国数字化转型、智能化重构中的生动故事。

王怀民

中国科学院院士

CCF会士

CCF 开源发展委员会主任

CCF“计算机开源丛书”编委会主任

前　言

20多年来，在我国政府、产业界、学术界、开源社区和关键领域用户的共同努力下，我国的开源创新发展取得历史性成就，具备了在国际开源创新生态中发展操作系统、数据库管理系统、中间件系统等基础软件的能力，我国也成为全球参与Linux内核贡献代码的人数位居前列的国家。开源软件在互联网时代取得的巨大成就，不仅孕育了新的软硬件开发范式，更改变了开源产业格局，催生了众多新型经济模式，开源独特的社区文化和协作方式所产生的影响也远远超出了开源领域。

世纪之交，我国融入全球开源软件创新生态网络之中。在国家信息化推进部门的重要岗位上工作多年的陆首群教授是我国信息化的开拓者和实践者，也是开源运动的倡导者和推动者，当他离开政府信息化决策管理岗位后，仍高度关注基于开源的深度信息技术（如云原生、大数据、区块链、人工智能等）的创新发展，并力推开源创新、数字化转型和智能化重构，继续为推动我国开源发展做出重要贡献。

本书汇聚了数十篇陆首群教授在过去29年来的文章、报告、谈话、评论等，不仅详细展示了中国开源事业的发展历史和未来走向，也生动记述了陆首群教授在这一历史进程中的实践、观察和思考。

此外，为方便读者更好地理解本书内容，本书也收录了国内外有关机构与专家的论述、摘要作为附件。

本书依据内容主题分为5章：

第1章“信息化起步”收录了陆首群教授在推进中国开源事业发展的过程中的重要论述、谈话、工作等，包括针对我国数字化转型、电子商务发展初期面临的问题所发表的见解和采取的措施，以及创建中国互联网、参与并推动国家重大信息工程“三金工程”的工作情况等，帮助读者了解我国信息化起步阶段的重要历史事件，感受参与者的历史使命感。

第2章“开源的兴起”介绍了中国极具影响力的开源组织——中国开源软件推进联盟及其智囊团在推动我国开源发展和国际合作等方面所做的努力。本章收录了多篇陆首群教授围绕开源发展过程中的重要技术、重大事件、关键问题等进行深刻论述的文章，展现了陆首群教授对于开源、信息化、数字经济的思考和探索，帮助读者学习开源相关的方法论和战略等。

第3章“基于开源的深度信息技术的发展”主要收录了陆首群教授对全球知名开源项目进行点评的文章。陆首群教授一直关注着基于开源的深度信息技术的发展，结合国内外知名开源项目和开源技术的发展情况以及领域内现状进行点评。凭借自身丰富的知识和经验，其点评往往高屋建瓴，深受业内人士的好评并得到广泛传播。

第4章“炉边谈话和获奖情况”记录了陆首群教授与开源界领袖、Linux和Git创始人Linus Torvalds的两次炉边会谈以及陆首群教授的获奖情况。陆首群教授与Linus Torvalds有非常好的私交，他们从20世纪开始就有非常多的交流。在这两次炉边谈话中，两人进行了广泛和深入的会谈，编者把这些极具参考价值的谈话内容记录下来并进行了整理。

第5章“开源访谈记（及准确理解开源）”记录了陆首群教授在接受访谈时针对当下中国和世界开源的发展所发表的看法，其中谈到了开源基金会、开源许可证、开源生态系统、开源社区、开源商业模式等核心问题，也宏观地论述了开源在科技创新、信息化过程中的重要作用，相信会对开源界、IT界人士有一定的启迪作用。

本书收录的内容可看作中国开源发展的缩影和见证，具有重要史料价值和现实指导意义，值得所有关心开源事业的人，和互联网及相关领域的从业人员阅读、借鉴和参考。

以下人员协助陆首群教授对本书中汇集的数十篇作品进行整理、归纳。

刘澎：中国开源软件推进联盟副主席兼秘书长，中国科学院软件研究所研究员。

谭中意：企业智能化转型开源社区——星策开源社区发起人，中国开源软件推进联盟副秘书长，在Sun、百度、腾讯等有超过20年的开源工作经验。

陈伟：中国开源软件推进联盟技术专家委员会副主任。曾参与和组织国家软件与集成电路公共服务平台的建设和运营，近20年来持续致力于开源软件的普及推广和合作交流。

梁志辉：中国开源软件推进联盟常务副秘书长，曾就职于IBM中国有限公司（任总裁助理）和中国科学院软件研究所。

田忠：中国开源软件推进联盟副秘书长、杭州欧若数网科技有限公司首席社区官。曾任腾讯开源顾问。曾就职于IBM中国研究院、IBM中国开发中心，任IBM杰出工程师、IBM中国开发中心开放软件与开放标准新技术工程院院长。

都莉楠：北京赛迪出版传媒有限公司副总经理，《软件和集成电路》杂志社社长。

鞠东颖：中国开源软件推进联盟副秘书长，就职于中国电子信息产业发展研究院。

作者简介：

陆首群，1958年毕业于清华大学电机系电器专业。中国开源软件推进联盟名誉主席、中国开源软件推进联盟专家委员会主任。作为组织者和领导者，长期致力于推动我国互联网和信息化建设以及开源运动的发展。

曾任国务院信息化联席会议办公室常务副主任。曾任吉通公司（国务院三金工程业主企业）总裁、董事长，主持设计和建设金桥、金关、金卡工程。曾任中国人民银行信息化高级顾问，主持创建中国金融认证中心、中国金融帧中继光纤通信网，扩建中国金融卫星通信网，并支持中国银联的建设和运行。曾任中国工业经济联合会副会长、北京电子振兴办公室主任、中国长城计算机集团公司副董事长、首都信息发展股份有限公司总裁。曾任东北亚开源软件推进论坛轮值主席，并获该论坛颁发的“开源特殊贡献奖”。因在开源领域的杰出贡献，2005年时被开放源码开发实验室（OSDL）聘为全球高级顾问（Expert Advisor）。2017年被Linux基金会授予“开源软件推进终身成就奖”，2018年被云原生计算基金会（CNCF）授予“开源领袖奖”。

目　录

第 1 章　信息化起步

1.1 每一步都是起点[㊀]

在陆首群的办公室里，摆放着很多记录重要时刻的照片，在其中，你能看到近年来国家主要领导人、世界各大 IT 企业的巨头，当然也能看到陆首群。这些照片向来人无声地叙说着主人的辉煌：曾经是全国知名的国有大型企业的改革者，中国早期经济和社会信息化的推动者、组织者和领导者，后来又是一位成功的 IT 企业创业者，同时也是一位资深的网络和信息化专家、大学教授、重点实验室的领头人。陆首群的业绩数不胜数，可是，他却极少向外界讲述自己的个人历程，下面让我们大概看一下他这些年走过的足迹。

事业的第一次辉煌（20 世纪 80 年代初）

时光倒流到 20 世纪 50 年代初，陆首群从江苏无锡来到北京求学。虽然当时在南方人的印象中，北方的冬天奇冷无比，但他抗拒不了清华大学的强大吸引力。1958 年，他从清华大学电机工程系毕业，是首位在《清华大学学报》上刊登毕业论文的学生。毕业后陆首群进入了北京开关厂，一待就是 16 年。虽然 28 岁就当上了这家大型企业的总工程师，但是陆首群事业的第一次辉煌却出现在改革开放之后。20 世纪 80 年代初，他担任北京开关厂厂长兼

㊀ 选自《电子政务》杂志 2005 年第 3 期，作者为胡晓纯。本文对陆首群的主要工作经历做了较为详细的疏理，有助于读者更好地理解本书内容。

总工程师。面对企业连年亏损的局面，他迎难而上，进行了大刀阔斧的改革，创造性地提出了“全面质量管理”“方针目标管理”“全面经济责任制”“质量品种发展大纲”“企业经营战略”等管理思想，引进了真空开关、船用开关等国外先进技术，自主开发了全封闭组合电器，并将其成功推向市场，使企业甩掉了亏损的帽子，实现了持续盈利。他本人被评为优秀厂长和劳动模范，北京开关厂也一跃成为国务院主抓的改革试点企业之一。1984 年，在组织的安排下，他离开了北京开关厂，开始了和我国信息化建设的不解之缘。

与国家信息化建设的不解之缘（20 世纪 80 年代中—90 年代中）

1984 年年底，陆首群受命筹备成立北京电子振兴办公室，1985 年由国务院任命正式担任该办公室主任。他培育和扶持“中关村电子一条街”，筹划北方电子信息产业基地的建设，推动了信息技术的产业化应用。1988 年，北京市人民政府电子工业办公室成立，陆首群开始兼任这两个办公室的主任，直到 1993 年 3 月分别卸任。在这两个岗位上，他具体做了很多工作。

首先是负责规划和实施了很多大型项目的建设：北方微电子基地的建设；与西门子合作的程控交换机项目、北京技术培训中心项目，以及后来发展到与西门子的全面合作；与 AT&T 合作的光纤项目等。通过引进技术，建立了我国第一家和美国合资的企业——中国 HP 公司；主持、支持了首钢与 NEC 关于大规模集成电路合资企业的立项工作；后来又陆续在北京和全国促成了 100 多家合资企业的成立。由此，一大批国家信息化重点项目建设了起来。

其次是在国内第一次提出信息资源共享、联网运营。1987 年，国内网络运营、信息应用还是孤立的。当时的邮电部引进了法国实验网——X.25 分组交换网，陆首群倡议举办“北京通信周”，推动邮电部与国家信息中心、新华社、对外经贸部、北京市政府、中科院等各部门数据上网，开创了国内联网运营、信息共享的先河。

这一时期，陆首群所做的重要工作还有搞活企业：主持了北京电子管厂的改革，实施债转股，进行企业体制改革，“拆庙搬神”，组建北京东方电子集团股份有限公司，选拔企业领头人；倡议建设北京电子城；继续扶持“中关村电子一条街”，解决其起步发展中遇到的一系列政策与扶持问题；联合有关部门把国内计算机编程人员水平等级考试搞了起来（与日本联考）。

在改革开放的浪潮中，陆首群参与组建了几大集团公司：1979 年筹建华北电力设备制造联合公司，先后任总经理、董事长；1986 年参与筹建中国长城计算机集团公司，担任副董事长；1992—1993 年参与筹建以长途通信、话音通信为主营业务，由电子部、电力部、铁道部三部联合建设的中国联合通信公司（即“中国联通”），并任筹建组组长；在筹备中国联通的同时，又创建了以国家信息化为标志的中国吉通公司，并担任总经理、董事长（1993 年，国家相继提出了金桥工程、金卡工程和金关工程，即“三金工程”，这是全国信息化的旗帜），吉通公司是国务院“三金工程”的业主，陆首群为之付出了大量时间和精力。

1994—1996 年间，陆首群担任国务院信息办常务副主任，为制定中国信息化规划并推动其发展做出了贡献。

从 1994 年开始，互联网走向商业化、社会化，发展迅猛。由于互联网具有开放性特点，其在应用中的一些问题也随之暴露出来。中国互联网也在这时起步，国家认为互联网有利有弊，利大于弊，要加强管理，既要开放，也要立法，必须制定出管理办法和相应的法规。此时陆首群任中国互联网筹建组组长兼互联网法规起草小组负责人，在他的主持下，各个部委一起研讨（并聆听、征求了 26 个部委的 43 位专家和主管的意见），最后报国务院批准，中国第一批互联网开始建立，第一部互联网法规——《中华人民共和国计算机信息网络国际联网管理暂行规定》顺利出台，作为国务院的法规发布。

在陆首群的主持下，创建打破垄断、实行开放的四个互联网络 ChinaNET、ChinaGBN、CERNET、CSTNET，成立中国互联网络信息中心（CNNIC），出台第一部互联网管理法规，它们为规范、管理中国早期互联网建设创造了条件，为推动中国互联网的发展做出了巨大贡献。

到了 1998 年，年过六旬的陆首群辞掉了吉通公司名誉董事长、国务院信息办常务副主任两个职务。他开始应聘担任国家 6 个部委的信息化高级顾问，为中国人民银行、中国航天工业总公司、国家广播电影电视总局、中国华能集团、中国社会科学院和北京市政府等单位的信息化工作出谋划策。“充分体现信息化的价值就要开放、共享，关键是做好协同，我想我还能做很多事。”陆首群说。他决定像年轻人一样重新创业，提出银行之间大额资金清算的金融骨干网（帧中继）和中国金融认证中心（CFCA）的建设方案，支持银联的建设，推动中国有线电视网络的建设，以及主持首都城市综合信息服务平台的建设等。

中国电子政务、电子商务的首批实践者（20 世纪 90 年代末—现在）

1998 年年初，陆首群向北京市领导建议发展首都经济，推动经济和社会信息化，他还建议成立北京市信息化工作领导小组和办公室，获得了历任市领导的支持。陆首群谈了几点建议：北京智力资源、人才资源丰富，加上北京作为中国首都，适宜发展知识经济或网络经济；但国内网络重复建设太多，都从北京辐射到全国各地，北京要搞网络经济，不宜从重复建设网络起步；如果把网络看成“路”，现在的问题是“路”多“车”少，中国信息化的薄弱环节是信息资源的开发利用，这相当于“路”上跑的“车”；北京要搞信息化，要抓紧造“车”，抓内容建设，“内容为王”，建设首都公用信息平台，在这个平台上实行信息资源的开发、交换、加工、利用、增值、共享、集散。陆首群还认为，北京市不能自己单干，要联合中央各部委，联合邮电、广电、金融等实力部门，要有“大北京”的概念，要精力集中，有所为有所不为，搞出特色。陆首群的观点、建议得到市领导的首肯，市领导当即委托陆首群参与有关公司的筹建工作。

1998 年 4 月 15 日，首都信息发展股份有限公司（首信）宣布成立，陆首群任公司的总裁。首信的主业是电子政务、电子商务以及信息化工程的“外包”业务。陆首群分析了世界电子政务、电子商务的发展形势和规律以及中国的现状，拿出了具有针对性的解决办法，制定了战略。事实证明，他进行了开创性的工作。

陆首群认为，中国电子商务的现状是基础设施薄弱，包括银行、企业、电信部门、安全部门的基础设施都很薄弱。比如企业的基础设施，国外做得好的企业都使用 ERP[一]、CRM[二]和价值链管理，与电子商务结合起来，可以大幅度降低成本，提高竞争力。而中国很多企业对一些现代化的管理方法还不了解，此外还有物流配送环节落后、银行支付方式落后、安全和信用缺乏、信用的评估体系没有建立等问题。

针对这些问题，国家要解决制约电子商务发展的七大瓶颈：认证体系、安全配置、支付手段、物流配送、互联网络、法律环境、交易平台。这些问题不是一个企业、一个行业、一个部门、一个地区能单独解决的。怎么解决？电子商务发展的高级阶段是一种整合经济，是一项复杂的社会系统工程，要整合整个社会各方面的力量，要整合中外各方面的先进技术才能解决。

1998 年，陆首群提出了建设“首都电子商城”的创意性概念和构想：首都电子商城是建立在互联网上进行商务活动的虚拟网络空间和保障商务顺利运营的管理环境；是协调和整合信息流、物流、资金流，使之有序、关联、高效流动的重要场所；是入驻（hosting）企业、商户或网站服务器群的托管处；是电子商务赖以运作的基础设施；是支持企业及其商业联盟（分销商、供应商、客户等）实施价值链管理的平台。这个构想前景美妙，但要付诸实施却谈何容易。为此，陆首群充分发挥了他的整合、协调能力。在他的建议下，在北京市和有关部委领导的支持下，成立了首都电子商务领导小组，出台了首都电子商务工程框架，北京网络多媒体实验室正式运行了，组建了首信的国际技术联盟，开创了银企合作之先河。首都电子商城汇集、整合、协调了金融、电信、IT、商业、政府、安全、企业和科研各方面的优势与力量，逐一解决了中国电子商务发展中的七大瓶颈问题。

两年来，由于首信集中解决了以上七个瓶颈问题，国内外数百家知名企业、网站把服务器托管给首信。首信利用首都电子商城的某些功能，实现了 B2C[三]电子购物的个性化服务，首信是国内第一家将 B2C 业务发展到美国的

[一] ERP，企业资源计划，Enterprise Resource Planning 的缩写。

[二] CRM，客户关系管理，Customer Relationship Management 的缩写。

[三] B2C，Business-to-Consumer 的缩写。

企业，也是国内第一家进行B2B[1]远程在线大额安全交易试验的企业，HP、Microsoft、IBM、BEA、Oracle、Sun等顶尖公司纷纷与首信洽谈签约，它们带来了资金和技术，依托首都电子商城，分别建立了孵化中心、电子商务应用示范中心，为国内外的企业提供了全方位的电子商务解决方案和个性化定制服务。对此，陆首群引以为豪，试问，全世界有哪一家网站被十几家顶尖的公司依托着做电子商务的解决方案，而且这些解决方案各具特色且是国际上最先进的？

首信搭建的电子商务平台，建立起了公共功能，实现的B2B和B2C是全面的、高度安全的、可信的、可行的，首信有多样化的基于企业信息化的解决方案，适合中国的国情。在首信的整合下，联想、方正、四通、8848、搜狐等企业作为交易主体，中国银行、中国工商银行、上海浦东发展银行、招商银行等作为在线大额支付的开户行，北京安全认证中心、中国金融认证中心作为电子证书的颁发、管理机构；首信公司作为整合经济的中介体和电子商务解决方案的提供者，依托首都电子商城，正式开通了企业间的B2B在线大额交易，开展了大量B2C商务活动，开始与其商业联盟（代理商、供应商、客户）实施价值链管理。

首信公司作为首都信息化工程的具体实施单位之一，先后承担了首都公用信息平台（CPIP）、数字北京、社保与社区服务等主体工程的建设，并在CPIP的基础上创建了首都电子商城、首都之窗等网站，为电子商务、电子政务、电子社区的开展与实施提供了可靠的技术和网络保障，也有力地推动了北京和全国信息化的发展。

1997—1998年，陆首群在首都公用信息平台上领导创办了“首都之窗”，这是全国首创的电子政务网站。日本NTT DATA与首信公司合作，将“首都之窗”的信息源和服务方式及时翻译成日文，为在华日侨及日本公民提供相应的宣传和服务。

[1] B2B，Business-to-Business的缩写。

采访手记

陆首群前后两次接受了记者的采访。在宽敞的总裁办公室里，他兴味盎然地侃侃而谈，你能感觉到有股热情从他身上散发出来，不能不为之感染。他对于事业的那份热爱，就是对他成功的最好注解。在长达四五个小时的访谈过程中，他的叙述就像领人进入了繁茂的森林，高树林立，枝藤蔓芜，多头并进，记者试图从中捋出一些头绪，但未能涵括所有。

作为我国信息化发展道路的首批开拓者、见证者和实践者之一，陆首群更多的是在回忆国家信息化历程的细节。他对一些重要事件的记忆清晰无比，为证明自己所说是有根据的，他不时地拿出一些自己保存的历史文件，有些已经微微泛黄，让记者过目，果然分毫不差。这一方面显示出他的记忆力惊人，另一方面也体现出他严谨的做事态度。

最近，陆首群继续担任北京网络多媒体实验室（重点实验室）主任，该实验室凝聚了大批院士和国家级专家作为其技术委员会成员。他还担任中国开源软件推进联盟主席，被国际 OSDL（Linux 基金会的前身）聘任为高级特别顾问（Expert Advisor），并担任中日韩开源软件推进论坛轮值主席。

当被问到对于自己的多重身份，他最看重哪一个时，陆首群回答说他喜欢有挑战性、创造性的事业。在北京开关厂时，他担任好几个产品的全国总设计师，很多成果是世界性的，在全国科学大会上得过奖。从在北京开关厂开始，他业余时间就一直研究统计数学，并且有所成就，在美国斯坦福大学和日本规格协会（JSA）的学术会议上演讲过，受到了国际学术界高度评价。他还获得过两个哲学领域的奖项。在陆首群的名片上，教授的头衔印在总裁之前，显然他对技术上的成就还是看得很重的。他非常满意目前的工作，能够站在全球信息技术、网络技术的发展前沿，统领全局，屹立潮头。

记者问他“想过什么时候告老还乡吗？”陆首群说他总是见好就收。他创办首信不是为了“吃饭”，当时有一家外国机构出 20 万美金的月薪请他去，他也没动心。对于首信，他像对于金融、航天、广电等新建企业或企业集团那样，起初只是出主意，帮助筹建，后来身不由己，就走不开了。现在公司比较成熟了，别人也能干，自己没必要非占着位置，所以他正在培养年轻人。首信作为一家现代企业，上市是必由之路，首信成功上市之日，即是他告退之时。可是首信上市后，他又有其他事情要做，最近他又担任了中国电子政务理事会名誉理事长，应聘担任了中国广东核电集团信息化高级顾问，不领工资，人家说要把他的形象当成一面旗帜。对于他来说，每一步都是起点。

1.2 “三金工程”㊀建设简讯

据《财富大家》㊁节目报道：

我国于 1993 年 3 月 12 日提出和部署国家公用经济信息通信网（数据网络，即金桥工程），于 1993 年 6 月 1 日启动以电子货币的发展与应用为重点的各类卡基应用系统工程（即金卡工程），于 1993 年 8 月 24 日提出建设外贸信息网（即金关工程）。吉通通信公司作为建设“三金工程”的业主而成立，陆首群任吉通公司总裁、董事长。

（1993 年 12 月）

1.3 创建中国互联网

互联网与开源理念相通，互联网主要是基于开源的技术和应用建立起来的。

——陆首群

创建中国互联网，一些人说自己是“创始人”，但也有人说早期的中国互联网完全是由民间自发建立的。其实，在中国创建互联网，必须突破三道关

㊀ “三金工程”，指金桥工程、金卡工程和金关工程。继美国提出信息高速公路计划之后，世界各国掀起信息高速公路建设的热潮，中国迅速做出反应。1993 年底，中国正式启动了国民经济信息化的起步工程——“三金工程”。可以认为“三金工程”是中国国家信息化的开端。

㊁ 《财富大家》是一档经济类的访谈节目，以大中华区乃至世界范围内的财经名人、财政要人、专家学者为访谈对象，通过展示他们的人生经历、经济理念，与观众分享成功者成功的奥秘，共同探讨经济现象，把握经济规律。

口。一是要解除对电信物理载体的使用限制，因为互联网是建立在电信物理载体（光纤、卫星或无线）之上的，而电信物理载体的使用在当时是受限的，在这种背景下，互联网是建不起来的。早期的中国互联网不可能是由民间自发建立的。二是创建中国互联网并使之运作起来要取得国际互联网管理当局的授权与资源（域名、IP 地址等）分配，而当时应国际互联网管理当局要求，由中国政府授权国家经济信息化联席会议办公室（简称信息办）统一对外联络和管理（当时信息办正在与国际及亚太互联网当局洽谈对中国互联网进行资源分配以及申请、审批、授权等合作事宜），国内任何个人、企业或单位都不可能绕过这条渠道而把互联网创建并运行起来。三是中国早期互联网起步时无法可依，安全无保障，管理无章法，需要及时立法。

1994 年 6 月，我在北京会见国际互联网管理当局负责人，他主要谈了三点：①从现在开始，互联网将开始商业化运行，可以预见在互联网上运作的商业信息量有可能超过教育科技信息，互联网将更加大众化，更加普及；②中国现在还没有启动互联网，而来互联网总部谈建设互联网的中国人很多，他们好像都说是代表中国的，我们不知道谁真正代表中国；③国际互联网希望和中国合作，支持我们把中国的互联网建设起来。

1994 年 12 月 30 日，国务院副总理邹家华主持召开了国家经济信息化联席会议第三次会议，会上决定要创建中国互联网，指示信息办组织一个跨部门的筹备小组。为了保证互联网的有效、安全管理（或从策略原因出发），筹备组要起草《互联网及国际联网管理规定》。会议重申要改变互联网多头对外、杂乱无章的状况，由信息办统筹规划，统一管理、统一申办、统一分配互联网域名和 IP 地址资源，并牵头与国际互联网管理当局洽谈合作事宜。

1995 年 7 月 23 日，国务院组建了《互联网及国际联网管理规定》起草小组（含中国互联网筹备组），时任国务院信息办常务副主任的我被任命为组长和负责人，其他成员包括：国务院新闻办副局级研究员王存庆，邮电部政策法规司司长刘彩，电政司处长徐木土，吉通公司骆鸿德博士，中国科学院技术科学与开发局宁玉田局长、钱华林研究员，国家教委吴建平教授、李星教授，兵器工业部钱天白研究员，公安部出入境管理局副局长崔芝崑、杨智慧及安全部有关人员。1995 年 7 月 28—29 日，筹备组提出了《中华人民共和国计算机信息网络（互联网）国际联网管理规定（暂行）》，提出创建四个中国互联网（骨干网），即电信网（ChinaNET）、金桥网（ChinaGBN）、教育网（CERNET）、科技网（CSTNET），并提出创建中国互联网络信息中心（CNNIC）。必须指出，筹备组在进行内部讨论时，争论是很激烈的，最终才取得高度统一。

1995 年 8 月 15—16 日，信息办主持召开国际互联网研讨会。1995 年 8 月 16 日，信息办（由我牵头，胡启恒、胡道元等参加）与国际互联网管理当局及亚太互联网管理中心会晤，洽谈互联网资源（域名、IP 地址）分配、授权及中国互联网与国际互联网合作问题，签署 MOU㊀。

1995 年 8 月 19 日，根据国家经济信息化联席会议指示，由信息办向 26 个部委、企事业单位的 43 位专家、主管汇报互联网建设方案及管理规定，扩大讨论、征求意见。在跨部门座谈会上，绝大多数部委专家、主管赞成起草小组所提的互联网建设方案，不赞成把互联网纳入垄断模式中。国务院发展研究中心、国家科委、国家教委等部门认为，这个草案对建设、发展互联网，推进国民经济信息化有划时代的重要意义；国务院法制局认为，筹备组起草的“管理规定（暂行）”中关于管理的基本原则，如管哪些环节，怎么管、谁来管，违反后如何追查责任等内容都写得很好、很明确。

1995 年 11 月 7 日，国家经济信息化联席会议第四次会议审查互联网建设方案及管理规定草案，对起草工作予以肯定。

1996 年 1 月 23 日，国务院批准了《中华人民共和国计算机信息网络国际联网管理暂行规定》㊁，并批准建立四个中国互联网骨干网和组建中国互联网信息管理中心，该规定后交新华社向全世界公告。

（1996 年 1 月）

㊀ 谅解备忘录。

㊁ 中华人民共和国国务院令第 195 号《中华人民共和国计算机信息网络国际联网管理暂行规定》，在于 1996 年 1 月 23 日召开的国务院第 42 次常务会议上通过后执行。

附件：

开源协同，有力支持互联网数字主权建设[⊖]

中国开源软件推进联盟（COPU）梁志辉、鞠东颖

开源、共享、协同是开源的基本特征。《2021 中国开源发展蓝皮书》指出，当今开源已成为全球的一种创新和协同模式。

中国开源运动发展的一个重要体验是，开源协同有力支持了互联网数字主权建设。

举例来说，百度研发自动驾驶与无人驾驶，建立 Apollo 平台，自 2013 年至今，已发布 Apollo 的 10 个版本（Apollo 6.0 是第 10 个版本），使 Apollo 成为全球最活跃的自动驾驶与无人驾驶平台之一。

在 Apollo 的 10 个版本中，百度拥抱开源，汇聚全球 97 个国家的 6.5 万名志愿开发者，开发了 60 万行开源代码，并协同全球 210 家合作伙伴（包括奔驰、宝马在内的企业以及大学、研究机构等），共建自动驾驶与无人驾驶生态和供应链，通过互联网支持分布在各地的数字主权。

开源协同可以帮助解决各地由于地区性利益而产生的对数字主权的分割控制问题，可以降低政府在基础设施建设上花费的成本，并提高各数字主权协同体之间的信任。

近年来，由华为等开发的鸿蒙操作系统（OpenHarmony OS）、欧拉操作系统（Euler OS）及其生态和供应链，由阿里云等开发的龙蜥操作系统（Anolis OS）及其生态和供应链，也采用了与百度相似的开源协同建设的模式，在支持分布式的各地互联网数字主权方面取得了良好的效果。

（2021 年 12 月 8 日）

⊖ 本文是中国开源软件推进联盟（COPU）应邀在波兰召开的互联网治理座谈会上的发言（线上发言）。应 IGF（互联网治理论坛）的邀请，COPU、印度政府、Google、哈佛商学院、GitHub 参加了本次座谈会。本文在撰写过程中得到了陆教授的指导。

1.4 建设数字中国，实现数字化转型[㊀]

当代中国正在进入工业化向数字化（或信息化、知识化，进而智能化）转型的关键时期，建设数字中国统括了工业化向数字化转型的全部任务，具体来说，包括打造数字经济、建设数字社会（如智慧城市）、建立数字政府、营造数字生态和发行数字货币等。

实行数字化（或网络化、智能化）转型的机制就是遵循“互联网 + 基于知识社会的创新 2.0”，把寓于知识社会（或信息社会）的资源、动能作用于寓于工业社会的新业态，实现从 0 到 1 的跨时代、爆炸式创新，达到数字化转型、智能化重构的目的。

数据可以是符号、文字、数字、图像、视频等，是信息的表现形式和载体。数据和信息是不可分离的，数据是信息的表达，信息是数据的内涵，数据只有在对实体行为产生影响时才能成为信息。

工业社会和数字、信息、知识或智能社会相差一个时代阶梯，而数字、信息、知识或智能社会基本上处于同一时代阶层。

数字化转型一般指企业数字化转型和经济数字化转型。企业数字化转型指采用数字化技术（如大数据、云计算、人工智能、开源技术等）来推动传统工业社会中的企业组织转变，或重构其业务模式、组织架构、企业文化等。企业数字化转型的目的是重新定义企业业务，使其提升一个时代阶层（0→1），并衍生出智能制造、智慧城市等概念。经济数字化转型指由传统的工业经济向新经济或数字经济转型，重构数字化（或者还加上网络化、智能化）的组织架构、业务模式，提升一个时代阶层（0→1）。

（2000 年 4 月 20 日）

㊀ 数字化转型（Digital Transformation）是建立在数字化转换（Digitization）、数字化升级（Digitalization）基础上，进一步触及公司核心业务，以新建一种商业模式为目标的高层次转型。

附件：

上海市促进城市数字化转型的若干政策措施（摘要）[㊀]

（2021年9月1日起正式生效）

一、建立全面激发经济数字化创新活力的新机制

1. 完善数字经济新业态登记方式

2. 规范平台经济市场秩序

3. 进一步激发国有企业数字化转型动力

4. 运用数字技术优化产业链和供应链模式

5. 有序拓展数字人民币应用场景

6. 支持数字经济市场主体集聚发展

二、建立全面提升生活数字化服务能力的新制度

7. 以患者为中心加快医疗数字化流程再造

8. 运用数字化手段推进教育资源均衡

9. 完善养老服务数字化标准

10. 推进交通出行数字化升级

11. 推进城区数字化转型

三、建立全面提高治理数字化管理效能的新机制

12. 开展政府自动化审批和监管改革试点

13. 加强公共数据赋能基层治理

14. 建立数据要素交易流通体系

15. 健全人脸等生物特征信息使用规则

㊀ 全文见上海市人民政府官网。该若干政策措施着力消除制约上海数字化转型过程的政策性门槛，为全面推进城市数字化转型提供制度保障，自2021年9月1日起实施，有效期至2025年12月31日。

四、建立数字化转型建设多元化参与的新机制

16. 实施数字化转型伙伴行动计划

17. 优化政府和国有企业采购体系

18. 建立应用场景“揭榜挂帅”机制

19. 探索公共数据授权运营制度

20. 探索提高数据中心算力使用效率的新型机制

五、建立系统全面的数字化转型保障新体系

21. 加强统筹协调和规划标准制定

22. 加强技术研发和协同攻关

23. 实施积极开放的数字化转型人才政策

24. 探索金融服务模式创新

25. 广泛开展数字化转型技术技能培训

26. 加强网络安全制度供给

27. 强化法制保障

附件：

建设“东数西算”工程[㊀]

目前，我国的数据中心大多分布在东部地区，在土地、能源等资源紧张的形势下，在东部继续大规模发展数据中心难以为继；而西部地区资源充裕，特别是可再生能源丰富，具备发展数据中心、承担东部地区算力需求的潜力。

算力是数字经济发展的核心生产力。“东数西算”工程是通过构建数据

㊀ 2022年1月12日，国务院发布《“十四五”数字经济发展规划》。作为首个数字经济五年计划，该规划提出，“十四五”时期，我国数字经济转向深化应用、规范发展、普惠共享的新阶段。建设数据中心集群，加快实施“东数西算”工程，持续推进绿色数字中心建设。

中心、云计算、大数据一体化的新型算力网络体系，将东部地区的算力需求有序引导到西部地区。

2022 年 2 月，国家发改委公布了启动“东数西算”工程，构建数据中心、云计算、大数据一体化的新型算力网络体系，将算力资源从我国东部地区有序引导到的西部地区的计划，其目的是增强国家整体的算力水平。

国家发改委称，将建成内蒙古、宁夏、甘肃、成渝、贵州、京津冀、长三角、粤港澳大湾区枢纽 8 个国家算力枢纽节点（这 8 个节点将是连接整个算力网络的主要节点）。

（2022 年 3 月 11 日）

1.5 陆首群谈中国电子商务起步

《中国电子商务》杂志记者团（在执行副社长左玉芝率领下）于 2003 年 1 月采访陆首群教授。文稿中提到：“陆老在中外 IT 界知名度很高，享有‘中国信息化之父’的美誉”。还提到，“陆首群指点电子政务江山”“陆老是国内电子商务的开创者”“陆首群先后任过企业家、官员、学者，做到‘商人无欲’‘官员无畏’‘学者无悔’。”

现将本次采访中有关电子商务的内容，摘录如下。

谈及电子商务，陆老说：“电子商务涉及许多环节和体系，比如说我们没有建立社会信用体系与制度，没有大规模推出真正的信用卡。一个国家要发展，就需要消费、出口和投资，其中最主要的是消费。真正的信用卡可以透支，就是今天花明天的钱，扩大消费。现在有些措施，比如个人买房、买汽车，可以从银行贷款，但贷不贷、贷多少要凭个人的信用。过去我们是消费紧缩，内需不行；现在国家执行稳健的财政政策，发行国债，扩大内需。老百姓爱存钱，现在要有让他们花钱的渠道。

有关互联网与电子商务，陆老在北京大学光华管理学院的讲台上，在与美国、韩国、澳大利亚有关人士的交流中，在首都电子商务工程领导小组的会议室里，在接受各路中外记者的采访时，都有过比较详细的论述。他认为，互联网的开放、共享、协同、合作、创新和服务的文化以及电子商务较短的历史，决定了电子商务的业务发展和安全、风险纠缠在一起。严格地说，全球电子商务无论从体系上，模式上还是从法律上、技术上，至今未臻成熟，但电子商务发展之快、推动力度之大，势不可挡。中国电子商务经过前几年的浮躁炒作，出现了不少泡沫，近年则回归理性，找到了一些协调、整合和服务的办法，风险本身就孕育着机遇和挑战，只有创新才能迎接挑战。电子商务是一项宏伟的社会系统工程，它不是一个企业、一个行业、一个部门、一个地区所能独立办到或办好的事，而是必须充分体现“立足于市场经济”，并取得政府政策支持（全面规划、统筹协调、大力协同、联合共建方针）。

陆老认为，国内发展电子商务面临的主要问题有六个方面，他正在探索解决办法。

第一是认证问题。首先要明确在网上交易的主体的身份，其次在交易时还要互相验证，以防假冒和否认。这就需要一个公正、权威、具有服务性的第三方来颁发电子证书，此外还要有数字签名技术的支持，要重点解决交易主体相互间的信任问题。陆老作为中国人民银行信息化高级顾问，倡议并支持成立中国金融认证中心（CFCA）；陆老作为首都电子商务工程领导小组的顾问，倡议并支持成立北京数字证书认证中心（BJCA）。

第二是支付问题。国内在线支付的方式较少，主体的安全性较差，且支付周期太长，这些都不能适应电子商务的需要。特别是对于网上大额支付，安全性更显重要。此外，银行难以承担透支风险。陆老推动了中国工商银行与首都电子商城、8848 等企业签约试点。

第三是安全配置问题。电子商务是在互联网上进行的，确保商业信息的安全性和保密性至关重要。早期，美国纠集了 33 个国家，在高强度加密方面对我国进行技术封锁，将 SSL[㊀]限制在 40（或 56）位。在我国研制开发出自己的 128 位 SSL 高强度加密技术并激活了国外的浏览器，具备了把电子商

㊀ SSL，安全套接字协议，Secure Sockets Layer 的缩写。

务做到美国乃至全球去的能力后，美国被迫在 1999 年 10 月 1 日前宣布对中国取消了这方面的技术限制（禁运）。而我国密码委员会也有相关规定，因为加密技术对国家安全来讲十分敏感，所以必须拥有我国自主开发的安全技术。我国在防黑客攻击、防病毒入侵以及网络信息安全等方面，开发了一系列技术并施行了一系列措施。在此之前，陆老还力促我国国家商用密码管理办公室（商密办）的建立。

第四是物流配送问题。在解决了信息流、资金流问题后，物流配送问题也是实施电子商务时亟待解决的关键问题，涉及建设全球、全国或本地的配送网络，以及配送周期、成本和服务。目前，国内在这方面的体系正在建设，还需要不断发展完善，特别指出，现代物流是当前中国电子商务的重要环节。首都电子商城与宅急送合作，发展、完善了物流配送。

第五是法律保障问题。电子商务正处于发展期，我国需要建设相关的法律环境，对新的市场规则以及合同、发票等凭证提供法律规范和依据，因此迫切需要相关法律法规的出台。在当前法院尚难担负起电子商务法律诉讼事务及发挥法律保障作用时，首都电子商城与北京国际仲裁中心合作，解决了电子商务法律保障问题。

第六是网络设施问题，即要保证电子商务作业平台连通的网络畅通。现在用户经常反映网络本身运行质量差、带宽窄、商务开展速度慢、上网消费高，这些问题都有待解决，同时也要建设好电子商务网上购物或网上交易平台。这样的平台不仅要适应各种电子商务模式，集成不同企业设备、不同操作系统、不同协议，还要提供个性化服务和企业的价值链管理。

首都电子商城对解决这些问题进行了一些尝试。首先是解决认证问题，首都电子商城成立了一个 CA（Certificate Authority，证书授权）中心，负责颁发电子证书，提供认证服务。在认证和验证时，首都电子商城负责对企业进行审核，并提供安全应用软件，同时将国内外银行组织到电子商城中，与银行一起改进、完善它们的支付工具，缩短支付周期，使其更符合电子商务的需要。在安全、法律保障、物流配送方面，首都电子商城采用联合共建方针，整合各方资源，采取一系列措施，以推进我国电子商务的发展。

陆老还致力于推动 B2B 大额电子商务的起步与发展。他是国内上网测试 B2B 电子商务运作的第一人（也是国际上进行 B2B 上网测试的先行者），他与联想、邮电部、银行、安全部门合作，投入 2 000 万元人民币，通过北京至香港跨境上网，进行 B2B 大额电子商务的运作，特别考察了其安全性，这项试验的成功引起了国内外的关注。

第 2 章　开源的兴起

2.1 COPU 回顾——中国开源软件推进联盟成立[⊖]

2004 年 7 月 22 日，在政府主管部门的指导下，由致力于开源软件文化、技术、产业、教学、应用的企业、社区、客户、大专院校、科研院所、行业协会、社会支撑机构等组织共同协商，自愿组建了中国开源软件推进联盟（China Open Source Software Promotion Union，COPU）。这是一个民主议事、不以营利为目的的民间行业联合体，非独立社团法人组织。当时也是因为要举办东北亚（中、日、韩）开源软件推进论坛，需要向论坛推荐中方轮值主席单位（要求是民间团体），所以根据信息产业部（现在的工业和信息化部）的指示组织成立了 COPU（最终由信息产业部批准并推荐给东北亚开源软件推进论坛）。

COPU 的宗旨是为推动中国开源软件（Linux/OSS）的发展和应用而努力，为促进中、日、韩及全球关于开源运动的沟通、交流、共享、协同与合作而努力，为促进中国、东北亚和全球开源运动做出贡献而努力。

⊖ 为落实中日韩三国信息产业部长会议纪要，中、日、韩三国组织了东北亚开源软件推进论坛，经三方研究，同时成立了中日韩三国 IT 信息局长会议，从政府间和民间两个层次开展相关工作。在此背景下，2004 年 7 月，成立中国开源软件推进联盟，并推选陆首群教授为主席。

中国开源软件推进联盟第四届（2016）理事会部分理事合影

COPU 的作用是推动 Linux/OSS 的发展，充分发挥 COPU 在政府与企业之间有关立法、政策、规划和环境建设方面的桥梁、纽带与促进作用；充分发挥 COPU 在企业与用户、企业与企业、企业与社区、中外企业 / 社区之间，企业与科研、教育、支撑机构之间，关于研发、发行、生产、教育、培训、测试、认证、维护、标准化、应用等方面的沟通、交流、协调、合作、推进的桥梁、纽带与促进作用。

COPU 成员一般是集体成员，不仅包括 IT、互联网、金融、教育等行业的公司，中国广电、中国邮政等政府机构下属企事业单位，还包括跨国公司的在华分支机构（如 IBM、Intel、HP、Sun、Oracle、Canonical、SAP、CA、BEA、Hitachi、Sybase、FranceTelecom、Fujitsu、Google、LPI、Red Hat、Novell、Nokia、NEC、Mozilla、TurboLinux、XteamLinux、Linux 用户协会、Kenoah、Sz-accp），COPU 成员约 200 个。

除日常工作外，联盟重视推进国际合作。由联盟主持或轮值主持的国际会议主要有两个：一个是“东北亚开源软件推进论坛”，另一个是“开源中国开源世界高峰论坛”（包括在其中召开的“圆桌会议”）。也有临时性国际会议（如在 Linux 基金会协助下，于 2008 年在北京召开的“ Linux 开发者研讨会”）。

2008 Linux 开发者研讨会参会人员合影

首届东北亚开源软件推进论坛暨 IT 局长 OSS 会议于 2004 年 4 月在北京召开，到 2021 年已举办了 18 届。

东北亚开源软件推进论坛是高质量的，以第 5 届东北亚开源软件推进论坛的总结为例：东北亚 OSS 论坛，现在日趋成为三国 OSS 沟通、交流、发展和应用合作的坚实平台。OSS 论坛最初设三个工作组：技术开发与评估工作组、人力资源开发与培训工作组、标准化与认证工作组。后来又增加了一个工作组，即开源应用和推广工作组。OSS 论坛上还开展中日韩开源软件竞赛，并为对开源做出杰出贡献者颁奖。

2007 年第 6 届东北亚开源软件推进论坛上，论坛主席与三国获 OSS 大奖选手一起合影

2008 年第 7 届中日韩三国 IT 局长 OSS 会议上，
陆首群（前排左三）与第 7 届东北亚开源软件推进论坛领导人合影

2009 年第 8 届中日韩三国 IT 局长 OSS 会议上，
陆首群（前排左四）与第 8 届东北亚开源软件推进论坛领导人合影

首届“开源中国　开源世界”高峰论坛于 2006 年 6 月在北京召开，到 2021 年已举办了 16 届。

“开源中国　开源世界”高峰论坛的学术讨论是高质量的，具有世界性影响，这得益于由中国开源软件推进联盟聘请的全球著名开源领袖和大师所组成的联盟智囊团，这个智囊团在开源学术上是绝对权威的，他们参加开源峰会吸引了全球跨国公司、国际开源社区的资深专家和企业主管与会，也吸引了国内各界开源精英和草根与会，与会人员的发言也不时闪现亮点。开源峰会也为开源的国际合作铺路架桥，不少已结出硕果。

2006 年“开源中国　开源世界”高峰论坛嘉宾合影

2007 年“开源中国　开源世界”高峰论坛国际专家圆桌会议现场

2007 年“开源中国　开源世界”高峰论坛国际专家圆桌会议嘉宾合影

2008 年“开源中国　开源世界”高峰论坛会议现场

2009 年“开源中国　开源世界”高峰论坛圆桌会议嘉宾合影

2013 年“开源中国　开源世界”高峰论坛会议现场

2013 年“开源中国　开源世界”高峰论坛嘉宾合影

2013 年“开源中国　开源世界”高峰论坛圆桌会议合影

2016 年“开源中国　开源世界”高峰论坛主论坛嘉宾合影

2017 年“开源中国　开源世界”高峰论坛圆桌会议合影

历届智囊团部分高级顾问：

Stuart Cohen，开放源码开发实验室（OSDL）CEO

Jim Zemlin，前自由标准组织（FSG）主席 Linux 基金会执行董事

Brian Behlendorf，Apache 基金会创始人、开源创始人

Larry Augustin，Source Forge 创始人、开源创始人

Micheal Tiemann，OSI 主席、开源创始人

Andrew Morton，Linux 内核开发大师

David Axmark，开源数据库 MySQL 创始人

Marc Fleury，开源中间件 JBoss 创始人

Eben Moglen，自由软件基金会首席律师

Mark Shuttleworth，Ubuntu 开源社区创始人

Dirk Hohndel，前 Intel 开源总监、VMwave 高级副总裁

郑妙勤，IBM 院士、美国工程院院士、IBM 副总裁

Justin Erenkrantz，Apache 基金会主席

Dave Neary，GNOME 基金会主席

Brian M. Stevens，Red Hat CTO

Markus Rex，前 Novell CTO

Chris Dibona，Google 开源资深专家

Brett Porter，Apache 基金会主席

Cosimo Cecchi，GNOME 基金会总裁

George Grey，Linaro CEO

Wim Coekaerts，Oracle 开源资深专家

Tim Yeaton，BlackDuck CEO

Simon Phipps，Sun 首席开源官

John“Maddog”Hall，LPI 主席、开源创始人

Jeffrey M. Nick，EMC CTO

Greg Kroah-Hartman，Linux 基金会 Fellow、Linux 内核稳定版本维护者

Deb Goodkin，FreeBSD 基金会执行总监

George Neville-Neil，FreeBSD 基金会主席

Dan Kohn，云原生计算基金会（CNCF）执行总监

Chris Aniszczyk，OCI 基金会执行总监

Thomas DiGiacomo，SUSE CTO

G.Matthew Rice，LPI 执行总监

陆首群（左）为 Jim Zemlin（右）颁发聘书

Brian Behlendorf

Larry Augustin

Andrew Morton（右二）

Dirk Hohndel

陆首群（左）为郑妙勤（右）颁发聘书

陆首群（右）为 Justin Erenkrantz（左）颁发聘书

陆首群（右）为 Rammohan Peddibhotla（左）颁发聘书

陆首群（右）与 Micheal Tiemann（左）合影

Brian M. Stevens

Markus Rex

陆首群（左）为 Chris Dibona（右）颁发聘书

陆首群（右）为 Wim Coekaerts（左）颁发聘书

Tim Yeaton（左三）

陆首群（左）与 Jeffrey M. Nick（右）合影

Simon Phipps

Cosimo Cecchi

George Grey

Brett Porter

陆首群（左）为 Mark Shuttleworth（右）颁发聘书

中国开源软件推进联盟设智囊团两年后，美国也成立了开源软件推进联盟并学习中国设立智囊团；EMC、SAP、Siemens、GNOME、Linaro、Mozilla、BlackDuck、FreeBSD、Gartner、LPI 等国际著名企业、基金会的高层人士或资深专家以及社区领袖找到 COPU 要求加入智囊团。

2017 年 6 月 22 日，在北京举行的第 12 届“开源中国　开源世界”高峰论坛上，我作为 COPU 的名誉主席聘请 Greg Kroah-Hartman 先生、Chris Aniszczyk 先生、Marcus Streets 先生、John “Maddog” Hall 先生、Dan Kohn 先生、Deb Goodkin 女士、Thomas Di Giacomo 先生、G. Matthew Rice 先生为 COPU 智囊团顾问，并颁发聘书。

陆首群（左）为 Greg Kroah-Hartman（右）颁发聘书

陆首群（左）为 Chris Aniszczyk（右）颁发聘书

陆首群（左）为 Marcus Streets（右）颁发聘书

陆首群（左）为 John“Maddog”Hall（右）颁发聘书

陆首群（左）为 Dan Kohn（右）颁发聘书

陆首群（左）为 Deb Goodkin（右）颁发聘书

陆首群（左）为 Thomas Di Giacomo（右）颁发聘书

陆首群（左）为 G. Matthew Rice（右）颁发聘书

（2019 年 3 月 5 日）

2.2 创建开源高地、创新高地、科技高地、人才高地㊀

中国开源软件推进联盟（COPU）成立于 2004 年 7 月 22 日。

2006 年 6 月，COPU 主办了首届“开源中国　开源世界”高峰论坛和“圆桌会议”。

在此之前，COPU 聘请了世界著名的开源领袖和大师担任 COPU 智囊团高级顾问，首届智囊团㊁人员为 22 人：

1. Jim Zemlin，Linux 基金会执行董事

2. Brian Behlendorf，Apache 基金会创始人、开源创始人

3. Andrew Morton，Linux 内核开发大师

4. Stuart Gohen，OSDL CEO

㊀ 这是中国开源软件推进联盟（COPU）的一个重大创举。COPU 聘请了世界顶尖的开源领袖和资深大师组成 COPU 智囊团（全部是无偿的），创建了开源高地、创新高地、科技高地、人才高地。影响之大，吸引了全球开源界和跨国公司的领袖与大师申请加入（如 GMC、SAP、Google、GNOME、Mozilla、Debian、微软、日立、富士通等机构和企业的 CEO 或 CTO 及开源大师）。

㊁ 智囊团负责对国内开源运动进行培训、交流并开展咨询活动，吸收国内有关企业人士参加他们创办的孵化器，定期派出部分大师参加 COPU 举办的国际开源论坛和圆桌会议。

5. Larry Augustin，Source Forge 创始人、开源创始人

6. Eben Moglen，自由软件基金会首席律师

7. David Axmark，开源数据库 MySQL 创始人

8. Chris Dibona，Google 开源资深专家

9. Wim Coekaerts，Oracle 高级副总裁

10. Dirk Hohndel，英特尔开源战略总监

11. Louis Suarez Potts，开源办公软件社区主席

12. Markus Rex，Novell 公司开源平台 CTO

13. Jim Lacey，LPI 主席

14. Marc Fleury[㊀]，开源中间件 JBOSS 创始人

15. Tim Yeaton，Black Duck CEO

16. Simon Phipps，Sun 首席开源官

17. 郑妙勤，IBM 院士、美国工程院院士、IBM 副总裁

18. Justin Erenkrantz，Apache 基金会主席

19. Mark ShuttleWorth（后补），Ubuntu 社区创始人

20. Dave Neary（后补），GNOME 基金会主席

21. Brian M.Stevens，Red Hat CTO

22. Jeffrey M.Nick，EMC CTO

这是 COPU 创建的开源高地、创新高地、科技高地、人才高地！

两年后，美国仿照 COPU 成立了美国开源软件推进联盟（同时成立了智囊团），欧洲也成立了欧洲开源软件推进联盟。

智囊团产生了世界性影响，Sun、EMC、SAP、法国电讯等跨国公司，GNOME、Mozilla、FreeBSD 等基金会均要求入盟、申请加入智囊团，连微软也提出申请（最终只同意他们与会）。

智囊团全力支持中国推进开源运动，参加每年举办的“开源中国　开源世界”高峰论坛，2008 年还支持了在北京召开“ Linux 开发者国际研讨会”，

㊀ Marc Fleury 曾申请来中国 2~3 年，无偿支持中国开源中间件的发展。

JBOSS 创始人表示自费来华两年无偿支持中国发展开源中间件。在历届论坛的圆桌会议上，开源大师与国内青年才俊开展咨询讨论活动，并洽谈合作事宜。

COPU 建设的开源高地有互相关联的两块：智囊团这块开源高地主要由国外的开源领袖和大师组成，另一块开源高地则是由国内院士、资深专家组成的专家委员会。这两块高地密切联系、相映放辉、互帮互助、相得益彰，共同为培养开源新进人才、进行企业诊断、推进中国开源运动的发展而努力。

COPU 于 2011 年组建成立专家委员会，聘请 10 位院士担任副主任委员：

倪光南、沈昌祥、廖湘科、高文、王恩东、王坚、梅宏、吴建平、王怀民、郑纬民。

（2006 年 6 月 20 日）

附件：共创软件联盟成立[㊀]

中国开源初兴

1998 年，开源软件在中国兴起，科技部、信息产业部、北京市政府等在支持开源软件发展方面做了大量工作。

2002 年 3 月，《人民日报》《光明日报》《计算机世界》《中国计算机报》等主流媒体和专业报刊陆续发表新闻：

为联合国内立志振兴民族软件产业的优秀力量，广泛汇聚软件技术精英，实现软件成果的高效率传播，推动我国软件产业实现跨越式发展，由 863 专家组与国内著名科研教育机构、软件企业及专业媒体共同发起的“共创软件联盟”于 2000 年 2 月 28 日在京正式宣告成立，同时发表了共创软件联盟宣言。成立共创软件联盟的目的，是要联合国内的软件企业和科研机构，通过

㊀ 2000 年的共创软件联盟成立也是中国开源历史上的一件大事。

开放源码实现广泛的智力汇集和高效的成果传播，推进软件技术创新，以实现我国软件产业的跨越式发展。共创软件联盟将实现三项功能：为创新的软件技术提供迅速发育和快速成长的开放环境；为广大软件开发人员提供共享成果的场所和合作交流的渠道；为软件企业和用户提供低成本的公共基础软件和高品质的技术服务。

2001 年 12 月，北京市在政府采购中首次将 Linux 作为政府办公平台之一；2002 年 8 月，北京市启动了名为“扬帆”和“启航”的 Linux 工程。随着“扬帆”和“启航”工程的展开，Linux 在政府采购中受到了少有的关注。

信息产业部于 2003 年通过电子发展基金支持 Linux 公共开发平台的建设，并成立了原信息产业部软件与集成电路促进中心（CSIP)，建设国家软件与集成电路公共服务平台，全面推进基于 Linux 的国产操作系统以及应用生态的发展。

附件：《光明日报》发表共创软件联盟成立的文章

共创软件联盟成立

《光明日报》(2000 年 3 月 15 日)

刘路沙

在国家“863 计划”智能计算机系统主题专家组的倡导下，由国内 30 多家高校、科研机构、企业等共同发起的共创软件联盟日前宣布成立。共创软件联盟理事长、“863 计划”智能计算机系统主题专家组首席科学家高文介绍，成立共创软件联盟的目的，是联合国内的软件企业和科研机构，通过开放源码实现广泛的智力汇集和高效的成果传播，推进软件技术创新，以实现我国软件产业的跨越式发展。

当今，世界软件产业正在经历一次新的生产力大解放，其标志是共享的、开放的源码使应用软件产品和软件服务摆脱了以操作系统为核心的公共基础软件提供商的垄断的束缚。它正在改变着软件产业的格局。

我国软件产业发展和国外相比尚有很大差距，根本原因在于我国在软件领域的集体创新能力薄弱。在人才培养方面，基础软件教育从书本到书本，缺乏实践的条件和动力，高校软件专业毕业生甚至很难接触到较深的系统程序；在研发方面，普遍存在单打独斗、低水平重复、积累少、不共享的问题；在产业方面，应用软件开发严重受制于国外基础软件，成本高，竞争力差。

软件作为信息技术的核心和灵魂，是信息技术竞争的一个重要制高点。为了抓住软件产业变革带来的机遇，探索一条符合我国国情的软件业的“两弹一星”与市场结合的新道路，迅速提高我国在软件领域的集体创新能力，共创软件联盟成立了。它将实现三个功能：一是为创新的软件技术提供迅速发育和快速成长的开放环境；二是为广大软件开发人员提供共享成果的场所和合作交流的渠道；三是为软件企业和用户提供低成本的公共基础软件和高品质的技术服务。

今年，共创软件联盟将启动两项重要工作：在联盟的开放源码许可证规则的支持下启动一批 863 软件成果的发育和成长项目；整理发布一批国际上广泛关注的开放源码软件，提供相关技术服务。

2.3 “开源中国　开源世界”高峰论坛

2.3.1 2006 年第一届“开源中国　开源世界”高峰论坛[㊀]纪要[㊁]

2006 年 8 月 24—25 日，中国开源软件推进联盟（COPU）在北京主办 2006 年第一届“开源中国　开源世界”高峰论坛（后文简称为“北京峰会”），论坛的主题是“开放标准，开源架构，开源生态系统与应用解决

㊀ 中国开源软件推进联盟于 2006 年 8 月举办首届“开源中国　开源世界”高峰论坛，此后，该论坛成为中国最大和最具影响力的具有国际性质的开源年度活动。

㊁ 本文为论坛后发表的会议纪要。

方案”。

参加这次“北京峰会”的嘉宾有作为COPU智囊团高级顾问的全球开源领袖和大师，以及跨国公司（如IBM、INTEL、HP、Google、Gartner、Sun、Canonical、Red Hat、Zend、France Telecom、Open Country等）高层人士和专家，共24人；还有中方同行（峰会主会场、分会场的讲演嘉宾和圆桌会议上的对话者，包括政府主管、企业主管、专家、院士等），共22人。与会的中外代表总数约250人。

目前，中国开源运动已越过启动早期（带有基础设施薄弱、缺乏开源理念与文化，以及处于准备阶段，伴随不少功利主义的炒作等特点），进入成长期；正在逐渐摆脱传统的封闭的开发方式，转向开源社区的开放的开发机制；个别企业违背开源许可协议的现象已开始纠正；正在改变开源软件开发过程中不重视工程经验和工程创新的倾向，提高对协同开发、质量认证和把握工程实现技术的认识；正在探索如何处理好保持自由/开源软件的本质特征、弘扬开源文化（或开源哲学理念）的开源社区创新版，与完善其商业化操作模式的商业发行版的关系；正在从学习模仿阶段，走向抓应用促发展、抓创新求发展的阶段（并涌现出若干开源新兴企业）；已从Linux单一化过渡到开源软件产业全面发展的阶段。对中国开源运动来讲，市场需求潜力很大，政府支持力度也大，近年来，关于开源软件的教育培训，正在以官办和民办两条线、多种形式推进，效果比较显著，关于开源技术的基础设施建设也在加速进行中。

在这次“北京峰会”上，结合中国开源运动发展中的问题，以及全球开源运动发展的前沿问题，与会人员展开了热烈讨论。中外专家认为，北京峰会汇集了一支世界级的“开源团队”，他们都很珍惜能应邀参加这次峰会，就中国与全球开源运动的发展进行交流讨论。与会者一致认为，这是一个很重要的会议，希望今后能办成“年会”，特别是圆桌会议，形式很好，讨论很热烈，更适合交流。“北京峰会”对推动中国和全球开源运动的发展产生了深刻影响，具有重大意义。

这次会议讨论了开放标准问题。为了适应信息时代经济社会的发展需求，对于各种异构系统（特别是复杂、大型系统），要求实行互连互通、互操作、资源整合、信息共享，以及实现用户多样化、个性化的需求，这时就需要采用开放标准。开放标准指的是通过在应用编程接口（API）、通信协议以及数据和文件格式方面使用公开发布的规范来实现异构系统之间的互操作性。

开放源代码协会（OSI）理事会主要负责人之一、MySQL 创始人 David Axemark 交给 COPU 有关开放标准的五条准则，即开放标准的要求：遵守的准则。

1）该标准必须包括执行互操作性所需要的全部细节；

2）该标准必须可以自由地和公共地获得（例如可以从一个固定的网站上下载），而没有任何付费的条款；

3）执行该标准的所有有关专利必须在免费条款下得到许可；

4）对于执行该标准的许可协议、授权（Grant）、保密条款（Non Disclosure Agreement，NDA）、点击认可（Click-through），或其他任何形式的书面协议，均不能提出任何要求；

5）该标准在执行时不能要求不符合其需求准则的任何技术。

有的专家认为，开放标准的价值在于它对异构系统灵活性的支持，即①无缝通信；②对系统资源重新配置；③多家供应商的不同设备之间的互操作性；④充分利用创新技术。

自由标准组织（FSG）主席 Jim Zemlin 认为，开源本身并不能自发地成为一个生态系统，而是需要利用开放标准，创造出一个符合开放标准的生态系统。他还说，大型且复杂的网络、复杂的异构系统很难整合在一起，只有采用开放标准，才能形成支持异构系统互操作、资源整合的统一平台。开源软件要遵循开放标准，同时也要不断发展和完善开放标准，中国要参与其中，反对垄断，合作才能赢得成功。要建立符合开放标准的 Linux 平台，建立开放的接口，中国要参与全球的 Linux 软件开发工作。要对互操作性做出定义，用开源软件来实现。Jim Zemlin 还认为，要基于开源实施高效率、低成本的战略，开源关注的重点就是安全、服务和成本。IBM 亚太区开源软件负责人康燕文（Steve Kang）认为，“北京峰会”的主题很好，今天我们要以开放标准的视角来观察开源运动。面对复杂的计算环境，通过开放架构、开放标准和开源软件三个核心要素完成开放计算的目标，其核心思想是通过开源社区实现创新。

关于互操作性概念，有的专家认为可分为五个方面来考察：①不同厂商（产品/设备）的互操作；②标准的互操作；③文档格式的互操作；④软件应用之间的互操作；⑤操作系统之间的互操作。

会议讨论了关于 Linux 系统和 Windows 系统在文档系统环境中的互操作问题。文档系统的环境可分为三个层次，即①文件系统（体现在硬盘中的信息存储和管理上，用户希望能长期存取文档）；②文档（体现为信息，这里指文档或信息的规范、格式和标准）；③应用程序（具有生成文档进行信息处理的功能）。

文件系统层次的互操作就是在两个操作系统的任意一种（Linux 或 Windows）的环境中生成的文件系统（ext2/ext3 或 ntfs），可置于另一个操作系统环境中被读、写。中国的开发人员在该领域已经做出了相应的贡献。

符合一定格式标准的文档（信息）层次的互操作，就是推出已被国际标准组织（ISO、IEC、OASIS）批准为“国际标准”的开放文本格式（ODF）。目前市场上有许多应用均已支持 ODF，如一些开源项目，包括 Open Office（格式已由 SXW 改变为 ODF）、K-Office；一些商业软件，包括 Staroffice（Sun）、Workplace（IBM）等；微软公司也通过支持 AZtec Soft（法）开发转换器（Convertor）间接支持 ODF，但这种互操作应认为是单向的、不对称的。中国有关方面考虑到中国公文的特色，提出了“UOF（Unify Office Format）规范”目前正在积极探索其与 ODF 的关系问题。

关于应用程序或办公套件（Office）层次的兼容或互操作，中国在 Open Office 的兼容性（与 MS Office 兼容）方面做了大量工作，目前走在世界前列。问题是 Open Office 的格式现在已由 SXW 改为 ODF，Windows Vista

和新版 2007 MS Office 即将推出，大多数源代码已改写，这就给“兼容”带来了很大困难。

在会上，中国专家还展示了“ Linux/Windows 兼容内核”或者“统一内核”的方案。Intel 开源战略总监 Dirk Hohndel 认为“统一内核”很有趣。他进一步说：“现在中国开源企业主要采用的方式是进行汉化，或者模仿国外的软件进行兼容，其实更应该抓住巨大市场机会，通过创新去超越别人。”

有人指出，在实现虚拟化技术时，也存在 Linux 与 Windows 两个异构操作系统的互操作性问题。最近微软宣布与开源企业 Xen Source 合作，利用 Xen Source 的虚拟化技术，帮助微软销售服务器虚拟化产品，兑现微软向客户的承诺，利用具有互操作性的解决方案，搭建一个跨平台的桥梁。会上有专家指出，微软的这种互操作性实际上也是单向的、不对称的。

有人认为所谓兼容性，是指某个系统上运行的应用程序符合另一个系统的接口要求，从而使该应用程序也可在另一系统上运行，这时将该应用程序符合某个接口的能力称为兼容性。提倡兼容性，去兼容别人，有可能导致被别人反兼容。所以说，兼容往往是短期行为，有很大风险。所谓互操作性，是指一个系统与另一个系统具有互相传输、处理并共享信息的能力，所以互操作性还体现出独立性、主动性、公平性、战略性等特点。

专家们认为，中国开源软件的发展要寄希望于创新。正如 Linus Torvalds 指出的那样，开源软件成功的奥秘并不在于源代码本身，而在于其开发方式，在于其组织、协作、创新的机制，即允许所有程序员以“志愿者”身份参与开源社区的“集体开发、合作创新”。以往参与国际开源社区的开发工作的国人实属凤毛麟角，近年来才多了起来，他们不但经受了开源社区在选择过程中“抢先（preemptive）机制”的考验，而且可在其中体验开源文化，把握顶层设计，积累工程经验。另外，我国在开源社区（如 Source Forge）中主持“开源项目”开发的人员也日渐增多。有的中国专家认为，开源产品的开发过程（一个开发循环）分为社区开发和企业开发两个阶段，而企业开发与社区开发应该是互相衔接、互为补充的。企业专注于“工程化实现技术”的开发，采用“自主开发、自主创新”的方式，促使“社区版”进一步完善为企业的“商用版”。

在会上，Apache 创始人 Brian Behlendorf 提出，发展开源软件要建立面向服务的架构（SOA）。Jim Zemlin 也认为，我们的一个重要目标是促进 SOA 的建立。他们的意思是把异构系统的 IT 环境转换为符合开放标准的面向服务的基础架构（即将功能调用、紧耦合的异构系统变成面向服务调用、松耦合的开放架构）。建立 SOA 有利于解决异构系统间通信协议不一致、缺乏标准的发现和查找机制、缺乏对接口和数据格式的统一描述等问题；有利于扩大应用；有利于解决异构系统所形成的信息孤岛问题。SOA 是符合开放标准的架构。

会议讨论了发展开源虚拟化（Virtualization）的技术问题，对目前的全虚拟化（Full-Virtualization）技术和准虚拟化（Para-Virtualization）技术的发展进行了评价和探讨。专家们认为，虚拟化技术是开源软件发展的前沿技术，采用虚拟化技术，在一个物理平台上运行多个操作系统，有利于扩充互操作性，有利于灵活调配资源，提高产品的容错能力。目前国际上对虚拟化技术的成熟度、稳定性有争议，关键在于虚拟机监控程序（Virtual Machine Monitor，VMM）与操作系统及其他系统接口的标准化问题，以及有关指令集的问题等尚待完善。与会的 Intel 专家认为，现有的 Xen 开源虚拟技术基本上是成熟的，关键在于应用，中国开源企业也要迎难而上，抓虚拟化技术的应用，也只有在应用中才能进行有效的改进和发展。不久前，我们曾与 Linux 内核设计大师 Andrew Morton 讨论过这个问题。Andrew Morton 认为，他们的 Linux 内核设计团队正在考虑开发虚拟技术平台，同时支持 VMWare、XenSource 和 MS-VM 等的虚拟机接口。

中国开发 Linux 操作系统，几年前已从服务器的桌面端转移到独立的桌面 Linux（DTL）系统，目前全球开源运动也开始重视桌面应用（如刚刚宣布发行的 openSUSE Enterprise Desktop 10，Ubuntu Linux 6.04 /DT 等）。但中国的桌面 Linux 操作系统还需要在易用性和稳定性上进一步下功夫（要抓好工程化实现技术)。

从总体上讲，正如 MySQL 创始人 David Axemark 所谈，Linux 操作系统已趋于成熟，其开发空间已经不是太大，关键在应用。抓应用，不仅是简单地向 Linux 平台移植应用软件，或在硬件体系结构中预装 Linux，或集成、适配各种驱动程序，并通过 IHVs、ISVs、SIs 的测试认证，还要从市场（特别是本地用户）的需求出发，从由 LAMP 开源架构或其他实用架构所支持的各种应用解决方案的整体考虑，全面解决、扩展开源产品的应用问题，切实地抓应用促发展。

David Axemark 在北京期间，针对“社区版 MySQL”，与北京万里开源软件有限公司（Greatlinux）合作成立了“ MySQL 北京研发中心”。David 认为，这有助于中国人参与社区开发，体验开源文化，积累工程经验；他们还针对“商务版 MySQL”合作开展了商业活动。

开源的 LAMP 架构（L 代表以 Linux 为代表的开源操作系统；A 代表以 Apache 为代表的开源中间件 / 服务器；M 代表以 MySQL 为代表的开源数据库；P 代表以 PHP、Perl、Python 为代表的编程语言)，与 J2EE 架构(以 Java 为编程语言，由 IBM、BEA、Sun 为主导)、.NET 架构（以 C# 为编程语言，由微软主导）已形成三足鼎立，既有竞争又有穿插的态势。随着大量软件的开放，加上通过“在线实时交易（OLTP)”，LAMP 可扩大至应用于大型、复杂的系统。同时，IBM 等厂商也相继采用了开源实现方式，如简单的 Java 架构（Plain—Old—Java—Object，POJO）和开源的 J2EE（Open Source J2EE）架构，补充、增强和完善了 LAMP 开源架构。为了充分利用现有系统资源，从微软支持的 .NET 架构中也派生出 WAMP（其中 W 代表 Windows，A 代表 Apache，M 代表 MySQL，P 代表 PHP）架构。

参加“北京峰会”的不少专家认为，从综合技术和经济效益的角度来看，在目前的应用解决方案中，使用开源与闭源混合架构的实例也不少。

关于自由 / 开源运动发展和知识产权保护问题，Linus Torvalds 曾说：“开源的成功显然也带来了很多新问题，我最担心的是一些非技术性障碍，比如司法方面的挑战、软件专利权等。软件专利权是一个非常糟糕的东西，不过好在技术行业的大多数人已经开始意识到这一弊病了”。自由/开源软件的版权采用“左版（Copy Left）”的概念，在版权保护方面取得了较为宽松的环境，但自由/开源软件躲不开专利的旋涡。在这次峰会上，北京大学的张平教授认为，开源领域的所有东西都是开放式的授权，不论是 Copy Left 还是 Copy Right，都不同于传统的知识产权授权，不是“one by one”的授权。David Axemark 说，软件专利对自由软件构成了威胁，它阻碍了信息共享，我们非常反对软件的专利权，因为它是维护大公司利益的。Gartner 副总裁 James M. Popkin 说，开源运动确实有点法律风险。所以，在合作创新愈来愈重要的今天，如何调整知识产权以适应当今社会创新的状况，以及减少开源软件遭受专利侵扰的风险，尤为重要。OSDL 的专家表示，国际上众多软件公司把自己的专利贡献给 OSDL，放在其“专利池”中，用以遏制开源软件遭遇“专利侵权”的法律风险。IBM 专家还介绍了“公开发明网络（open invention network）”合资公司，出资购买有关专利，建立专利组合（commons），用以保护 Linux 生态系统，减少其受专利指控的风险。2006 年 1 月 16 日，自由软件基金会（FSF）首席法律顾问 Eben Moglen 在讨论由他起草的 GPL3 时说，GPL（GUN 通用公共许可证）所关注的主要问题并不是技术细节，而是维护用户的自由，我们强调了软件专利对整个软件产业（特别是自由软件）所构成的严重威胁，我们采取的对应策略是“假若某人以专利侵权为由起诉他人有关该项专利程序的行为，那么，原告方使用和修改遵守新版 GPL 规则的自由软件的一切权利立即被终止”，即“你若控告某个自由软件的用户，你就不得再使用任何自由软件”。在当今互联网时代，谁心里都明白，只要使用互联网，就必须使用某些自由软件，完全避开使用自由软件是不可能的。那么，以专利侵权为由起诉自由软件（使用者）就不是一件简单事情了。O'Reilly 媒体集团编辑 Andy Oram 对此评论道：“此举把对抗最大法律风险的途径转化为世界所有 GPL 支持者的团结一致。”对此，也有专家认为，Eben Moglen 的上述说法似乎过于空洞。Sun 公司首席开源技术官

Simon Phipps 在会上说，专利实际上是一种社会契约，各国政府在本国实施专利问题上有主导权，中国政府、中国企业对此应有明确认识，并学习欧盟的做法，才能在贯彻世贸规则、保护知识产权、扶持开源运动方面，排除别人滥用“专利权”的可能。

“北京峰会”早已获知 Linux 领袖 Linus Torvalds 本人反对 GPL3 的提案的消息，他坚持还是执行 GPL2 为好。“北京峰会”的组织者在会前曾征询 GPL3 提案起草者、自由软件基金会（FSF）首席法律顾问 Eben Moglen 对反对意见的看法，Eben Moglen 先生在回信中未表示具体的看法，只是告之即将公布 GPL3 草案第二版，可供“北京峰会”研究。北京的专家认为，新版 GPL 如果不能获得妥善处理，可能导致开源运动的分裂。

此时，微软 CEO Steve Ballmer 提出开源侵犯 34 项微软的专利，并表示微软要向开源提出诉讼。对此，我们采用 Eben Moglen 的反制对策，即宣称要禁止微软上互联网（因为支撑起互联网的技术中，开源技术占 80%）！不久，微软分管法律和技术的两位副总裁发表声明表示，微软无意控诉开源专利侵权。对此，我在会上谈到：“ Eben Moglen 先生提出的反制对策风险很高，应谨慎使用。在微软一事上取得成功，实属侥幸。目前国内开发自由 / 开源软件应贯彻合规检查制度，避免在专利侵权上涉险，鼓励企业加入‘专利池’建设”。

关于开源软件商业模式问题，专家们都强调，自由 / 开源软件已经向用户承诺，保证和提供“源代码开放”“信息共享”和“自由使用”的权利，但并不反对自由 / 开源软件的商业操作。有的专家认为，要保持而不能损害自由 / 开源软件的“源代码开放”“信息共享”和“自由使用”的本质特征。软件程序或源代码是不收费的，软件的文档一般也不收费（或只收成本费），而对自由 / 开源软件提供专业技术服务（如技术支持、培训、咨询、系统集成或其他专业服务，以及由此派生的增值业务），则是可以收费的。事实上，自由 / 开源软件的全部技术应该包括源代码编程技术和工程化实现技术，前者即软件的全部源代码行是公开的，而后者由于包含工程经验、技术秘密和商业秘密，是不公开的。Google 全球副总裁李开复在会上说，Google 开发和采用开源软件，但开源不是一切都公开的，Google 有自己的技术秘密和商业秘密。Sun 公司首席开源技术官 Simon Phipps 说：“世界上没有免费的软件”。这句话应如此理解，如果软件可视作下列等式，即软件 = 程序 + 文档 + 支持 + 培训 + 服务，虽然代表“软件形态”的程序、文档可以免费，但作为“软件服务”的支持等环节可以收费，所以从总体上看，软件是要收费的；而从开源软件形态的角度来看，开源软件是免费的。

一般认为，开源软件如果不能解决好商业模式的问题，就很难吸引风险投资。美国 NEA 风险投资公司的合伙人朱敏认为，风险投资不仅可以投向具有商业模式的开源软件，还可投向在开源社区运作的开源软件社区版，他认为，虽然开源社区版（或者 β 测试版）基本上是免费的，但社区可从其他途径来盈利并吸引风险投资介入；他还认为，为利用风险投资可以把开源软件做大做强。MySQL 创始人 David Axemark 说：“我们在 1995 年就开始做开源 MySQL 的编码，1996 年进行了第一次发布，2001 年我们成立了公司，也找到了风险投资。实际上 Linus Torvalds 也曾经说过，风险资金和商业企业的大量涌入并非坏事，开源许可证保证了社区的忠诚度，这意味着技术和金钱之间可以存在很好的平衡。

（2006 年 8 月 30 日）

2.3.2 写在 2007 年第二届“开源中国　开源世界”高峰论坛之前[㊀]

市场应用是开源软件持续发展的动力。近几年来，开源软件在中国市场上的占有率高速增长，市场应用潜力还很大，从而推动了中国开源运动的发展和壮大。中国市场正在成为全球开源软件和私有商业软件角逐的大舞台，这就决定了中国开源运动发展必然具有一定的世界意义。

㊀ 本文为陆首群教授为 2007 年第二届“开源中国 开源世界”高峰论坛组织活动撰写的预热文章。

中国开源运动的发展目前已出现了转折。

1. 中国开源运动已越过启动早期，进入了日趋成熟的成长期

开源运动启动早期的某些不稳定、不成熟的特征，如缺乏或不甚理解开源理念与开源文化，开源人力资源与相应的基础设施薄弱，存在功利主义的炒作（Hype）与浮躁的现象等，在开源运动走向成熟的成长过程中正在不断消除或出现转变。

在 2003—2005 年这 3 年内，中国 Linux 年销售率增长分别为 27%、45%、81%，呈现快速增长且逐年提高的态势。本土创办的 Linux 品牌也趋于成熟。众所周知，中国的开源市场是开放的，据 2005 年统计，本土企业中科红旗公司在国内的市场占有率为 32.1%，排名第一，高于外来企业 Novell 和 Red Hat 在中国的市场占有率，而后两者分别为 29.5% 与 19.7%。

2. 开始摆脱传统企业封闭的开发方式，转向参与开源社区开放的开发方式

中国正在扩大参与国际社区开发的“志愿者（Volunteers）”队伍，同时也为建立本地开源社区积极创建条件；开始采用开源社区的“集体开发、合作创新、对等评估”的开发机制，正在从国际开源社区单纯的“开源消费者（Open Source Consumer）”，逐渐转变成为社区的开发者或“开源贡献者”。

中国参与国际开源社区开发工作的个人或企业的志愿者，以往犹如凤毛麟角，但近年来多起来了，如 Jfox[一]应用服务器，改写 ext3 文件系统部分代码，改写 USB 串行总线部分代码，为 Open Office 大量、持续纠错并改写部分代码，Linux 虚拟服务器（LVS[二]），SCIM[三]智能通用输入法，在 Windows 环境中读、写 Linux ext3 文件系统的软件模块（即 Windows 驱动软件模块）

[一] JFox 是源自中国灰狐开源社区的开放源码 Java EE 应用服务器，开始于 2002 年。它是国人在开源 Java EE 应用服务器领域的首次尝试。

[二] LVS（Linux Virtual Server）的创始人和主要开发人员为章文嵩博士，LVS 集群代码在 Linux 2.4 和 2.6 的官方内核中，并得到广泛的应用。

[三] SCIM 即智能通用输入法平台。SCIM 是一款 Linux 操作系统上非常优秀的文字输入平台，支持中文、韩文、日文等多种语言。主要开发和维护为苏哲。LAMP 是指一组通常一起使用来运行动态网站或者服务器的自由软件（Linux、Apache、MySQL、PHP/Perl/Python 等）名称首字母缩写。

等项目均留下了国人在国际开源社区中参与开发的足迹。

个别企业违背开源许可协议（如 GPL）的现象开始得到纠正；开源软件开发过程中不重视工程经验和工程创新的倾向正在改变；协作伙伴（IHVs、ISVs、SIs）对自己开发的开源产品的质量测试认证开始受到重视。例如，中科红旗公司是 IBM 宣布支持对其进行质量测试认证的全球第 3 家 Linux（服务器）发布商（另两家是 Red Hat 和 Novell）；中标软件公司等一批本土开源企业也获得了一批国内外协作厂商的质量测试认证。

中国正在从学习模仿阶段，走向创新、应用的发展阶段，涌现出了一批为国际上承认的新兴开源企业。今年在中国实施 Windows 软件正版化（反盗版）“要求在硬件产品中预装 Windows 软件”的情况下，国内一些主要的 PC 厂商与微软公司的协议金额高达 20 亿美元（其中还包含很多政治因素），尽管如此，由于国内厂商的 Linux 已趋向成熟，具有较强的竞争力，因此“ Windows 正版化预装”未能实现“包打天下”，一些国内外 PC 硬件厂商（如 Dell、HP、华硕、TCL、神州数码、七喜等）还与国内 Linux 厂商签订了 600 万套的预装协议，从而保证了 Linux 较大的发展空间。

中国已从 Linux 单一化产业，过渡到开源软件产业全面发展的阶段。近年来，有关开源数据库、开源中间件、自由编程语言、开放办公套件等一批研发小组（或研发中心）、开源社区和开源企业，也在中国大地上涌现出来。

在开源运动与私有软件观念冲突的背景下，在开源运动中激进与保守思潮存在争议的背景下，在“东方民族”的开源文化与“英语民族”主流开源文化是否大同小异（在中日韩三国 OSS 论坛上，日、韩代表曾提出这个问题）仍有疑问的背景下，弘扬开源文化、坚持开源哲学理念，有利于推进中国开源运动健康发展。与此同时，中国也应积极探索并完善开源软件的持续发展模式和商业模式。

在大力发展开源 LAMP 架构的同时，我们还因地制宜，根据用户需求，同时发展开源与闭源相互竞争、相互参插的混源架构（Mixed Source Stack），以完善各种应用解决方案和服务体系。

在此背景下，围绕"为了促进中国和全球（重点在中国）开源软件的发展，需要解决哪些问题（或发展的瓶颈在哪里）以及如何解决"这个主题，我们在 2006 年 8 月 24—25 日于北京举办了"2006 开源中国　开源世界"高峰论坛圆桌会议。参加会议的中外代表共 300 多人。我们邀请了众多全球开源界的领袖和大师（也是我们 COPU 智囊团的高级顾问），以及一些跨国公司的高层人士或资深专家（如 IBM、Intel、Google、Sun、Gartner、OSDL、Red Hat、France Telecom、Open Country 等）出席会议。微软公司也派代表参加了"北京峰会"。会议讨论了如何坚持开源理念、建设开源文化的问题，如何制定并贯彻开放标准（包括 ODF）的问题，如何构建互操作平台的问题，采用面向服务架构的问题，采用虚拟化技术的问题，以及如何发展开源 LAMP 架构或因地制宜采用混源架构（Mixed Source Stack）的问题，还有关于开源社区的机制和建设的问题，关于知识产权保护的问题，关于开源人才教育培训的问题等。当时在会上与会下，与会者们还讨论了全球开源界关于 GPLv3/DRM 的争议的问题，有人还提出了防止开源运动可能导致分裂的警告。"北京峰会"讨论的这些重点课题，是中国开源运动发展中亟需解决的问题，其中不少也是世界性课题。

有人可能产生误解，我们将 2006 年"北京峰会"的大会主题定为"开源中国　开源世界"高峰论坛是否有些言过其实（Bombastic），我想其实不然。因为除上述讨论的课题既属于中国也属于世界之外，与会发表讲演的专家，大多是全球开源领袖或大师，以及 IT 跨国公司高层人士或资深专家，他们发表了高水平的报告（不少人认为"这是一个十分强大的世界性的团队"），为了尊重他们，我们提出这个层次的大会主题也是适宜的。另外如上所述，我们处于全球未来软件市场竞争最激烈的中国市场，这也是我们提出上述大会主题的理由之一。事实证明，虽然我们未能向全球全面报道或准确传达"2006 北京峰会"的信息，但确实引起了全球的广泛关注。

开展开源运动的国际合作十分重要。中日韩、中美、中法、中国与欧盟、中俄之间目前均有开源的国际合作项目，意大利、芬兰也有人来华洽谈开源项目的国际合作，自 2006 年“北京峰会”后，MySQL、Apache、PHP（Zend）、JOnAS（ObjectWeb）、Ubuntu、OSDL 等组织，以及 IBM、Intel、HP、Sun、Oracle、Novell、Red Hat 等公司也均与中方洽谈或启动了开源合作项目。总之，国际合作有助于中国和全球开源运动的交流、融合、互动和发展。

（2007 年 6 月 10 日）

2.3.3 2007 年第二届“开源中国　开源世界”高峰论坛后记[⊖]

2007 年 6 月 21—22 日，我们在中国广州召开了“2007 年开源中国　开源世界”高峰论坛暨圆桌会议，这是一次开源盛会。出席这次峰会的有开源社区、企业、大专院校、科研院所的专家、主管以及政府官员共 400 多人，还有受邀前来参会的来自全球的 20 多位开源社区的领袖、大师、跨国公司高层人士、IT 资深专家，以及几位国际风险投资人。

“广州峰会”是在开源软件已成为全球软件行业的一种发展趋势，已成为中国软件发展的一个重要机遇的时刻召开的。

中国专家在会上介绍了中国开源运动的发展和应用情况。他们认为，目前中国开源运动的发展开始进入了新时期：Linux 和开源软件高速增长；引进和创造了社区开发机制；涌现出一批新兴的开源企业；Linux 和开源软件已趋成熟，与国内外的 IHVx、ISVx 进行了兼容性测试和质量认证；中国自主开发的龙芯计算机（Loong Son 2E）采用 Linux 操作系统（TC 模式），是具有较高水平的、已达到批量生产规模的 Linux PC；中国与欧盟合作建设的开源质量平台（QualiPSO）已经启动；中日韩、中法、中国与欧盟、中俄、中芬、中越等以“官民结合”方式开展的开源项目的国际合作（有关政策与法律、标准化、技术开发与评估、人力资源建设、质量平台建设和竞争力中

⊖ 本文为陆首群教授为广州召开的 2007 年第二届“开源中国 开源世界”高峰论坛撰写的会议总结。

心部署等方面）已开始顺利进行，部分项目已初见成效。

Intel 的 Dirk Hohndel 和其他专家均认为，市场的潜力和需求是开源运动发展的主要推动力，中国开源市场发展很快。当今中国互联网的规模已跃居全球第二，中国软件市场已成为全球开源软件与私有商业软件竞争最为激烈的场所。

与会中外专家在会上各抒己见。Apache 创始人 Brian Behlendorf 说，开源能够改变世界。Linux 基金会的执行董事 Jim Zemlin、Intel 的开源总监 Dirk Hohndel 等专家认为，Linux 和开源软件的发展取得了巨大成功，现代 Linux 和开源软件需要形成一个一体化的生态系统（Unified Ecosystem），Linux 基金会是一个全球性的 Linux 生态系统（含 63 个主要成员）。微软公司的李志霄博士（Dr. C. Joseph Lee）在谈到实现互操作承诺时指出，这是不可能由某一个厂商来完成的，必须建立一个生态系统，以集成企业内外的创新。专家们认为，中国开源软件推进联盟（COPU）从某个角度来看，就是一个开源软件的生态系统，为了更好地推动开源运动的发展，要充分发挥这个生态系统的作用。Jim Zemlin 说，我建议中国开源运动做好 3 件事情：①办好开源论坛；②集中精力在某些 Linux/OSS 项目上以求突破，而且务求做好；③协助 Linux 基金会，在中国当地推广 Linux（Linux 基金会已开发了很多工具可供借鉴）。Dirk Hohndel 也说，中国的开源论坛取得了很大成功。在会后，Jim Zemlin 即刻给我写信：如果 COPU 愿意和 Linux 基金会在中国共同召开一个开源开发者峰会，我将很愿意从美国和欧洲邀请一些主要的资深工程师来中国与本地的开发者见面并研讨，其中包括中方提出的 Andrew Morton 和其他主要的 Linux 开发者。

Dirk Hohndel 认为，开源运动的成功来自开源社区，但目前全球支持开源社区开发的志愿者有 85% 是来自大公司的程序人员（而不是来自社会），不同国家的文化、语言差异，使开源运动的合作受到影响，我们要研究如何排除这些差异带来的障碍。Oracle 主管开源的副总裁 Wim Cockaerts 说："开源运动的精髓是社区开发机制，社区把开发的程序放到互联网上，争取全球广大志愿者对程序进行修改、反馈，源程序代码数量很大，命令行数目很多，缺陷也可能很多，修改工作量很大，只有发动全球志愿者，才能做到及时修改、完善，保持很高水平。”Google 的资深开源专家 Chris Dibone 说：“你作为用户来说，开源软件给你选择权、控制权，自己可进行修改、调整（对软硬件进行最佳配置），这是私有商业软件做不到的，当然不是说涉及核心技术的所有程序都要开源。Sun 公司的 Simon Phipps 说：“开源软件改变了软件的开发方式，是合作创新和自主创新的完美结合。像中国、巴西这样的发展中国家，要鼓励开源软件的发展，这不仅关系到本国经济的发展，也关系到国家主权；还要根据本地需要和本地的语言，在开发国际化的同时做好开发本地化的工作。”

Novell 的资深开源专家 Masanoba Hirano 说：“开源软件已走向成熟，作为数据处理的操作系统，其开发空间已经不大，开源的应用创新，特别是市场的规模化应用创新，已成为开源软件发展的重点。”IBM 的郑妙勤（Josephine Cheng）院士、Sun 公司的 Simon Phipps 也谈到开源创新问题。Red Hat 的 Tom Rabon 指出，开源运动的发展，1995—2001 年是推进全球化，2001—2006 年是推进信息化，2006—2011 年主要是创新。Tom Rabon 和 Dirk Hohndel 均表示，愿意帮助中国，利用开源运动的契机，建设一个强大的、富有创新精神的、能够持久发展的开源软件产业。

专家们在讨论开源软件的应用创新时，提到了以下几个方面。

1）在向各类用户提供各种应用解决方案的过程中，当前在美国、欧洲和中国等市场上，出现了开源架构（Open Source Stack，即 LAMP Stack）崛起的现象，开源架构 LAMP 已与闭源架构 J2EE、.NET，形成了三足鼎立，既有竞争又有参插的态势。与此同时，也出现了开源架构和混源架构（Mixed Source Stack）并存发展的形势。IBM 的郑妙勤（Josephine Cheng）以及 Sun 的 Simon Phipps 均支持采用由混源架构组成的应用解决方案。

2）用户要求开源产品提高使用级别（或扩大使用范围），开发增值功能，以满足广大用户对多种应用选择的需要，如下所示。

使用级别：企业级、电信级等；

服务级别：SLAs；

安全级别：EALs；

质量级别：通过兼容性测试和质量认证；

产品性能：各种性能，特别是易用性、稳定性、成熟度、互操作性等；

增值功能：可管理性、安全性、可利用率、可靠性等；

总体成本（TCO）：低成本。

3）鼓励客户在改造自身已有的 UNIX 系统（如大型机的关键任务系统，Mainfram-Mission Critical）时向 Linux 迁移，即提高 UNIX 向 Linux 的迁移率。Novell 的专家提出了这方面的迁移问题。

4）大力开发和移植在 Linux 或开源平台上的应用软件；开发转换器或翻译器（Converter or Translator），以实现异构平台的互操作性。

5）采用虚拟化技术。虚拟化技术能集中并共享资源，促使软件与硬件更好的搭配，降低成本，提高系统（特别是硬件）的利用率，满足用户的需求。Intel 与中科红旗、中标软件的专家阐述了这方面的问题。

6）采用面向服务的架构（SOA）。这是一种简化系统设计，用来消除 IT 复杂性，加强应用与服务的一致性，方便应用集成，推动并采用开放标准的设计思想和计算架构。时至今日，全球约一半的核心业务系统使用 SOA，今后采用 SOA 的系统数量仍会快速增长。中外专家均阐述了这方面的问题。

7）开发和推广应用 Linux 桌面系统：

① 采用瘦客户终端（Thin Chients，TC）模式，这是一种精简的网络计算模式，是一种尽可能减少桌面空间占用而基于服务器的系统，具有安全性高、总体成本（TCO）低、易管理和部署响应快等优点，但娱乐功能少、不能离线计算是其缺点。李国杰院士阐述了龙芯计算机采用 TC 模式发展的情况。

② 开发、推广采用 Linux 操作系统的低价电脑，如 One Laptop Per Child（离线操作）那样，Brian Behlendorf 做此推荐。

③ 在 Linux 桌面系统平台上开发、移植大量应用软件。

④ 借鉴 IBM 推出的 Open Clients 模式，发展 Linux 桌面系统。

8）开发和推广采用 Linux 系统（嵌入式）的智能化手机，即开发移动通信（Mobile）的 Linux 系统（MLI）。

9）要建立“挑错纠错（Bug Fix）→打补丁（Patch）→升级”的“反馈→修改→提升”的后续维护开发模式，为用户提供及时、有效、完善的技术支持，以便取得用户的信任。

10）要建立以支持、服务为重点的低价销售开源软件（或软件免费，支持、服务收费）的商业模式，以便在市场竞争中取得优势。

在会上，专家们重点讨论了制定、贯彻开放标准和实现互操作性的问题，这个问题在 2006 年曾是“北京峰会”讨论的主题，但有些问题尚待解决，因此再次成为 2007 年“广州峰会”讨论的主题。这事要从微软公司申请参加广州开源论坛说起。众所周知，微软公司作为全球最大的私有商业软件提供商，与开源运动是有竞争的，其中虽然也有不少合作，但可以说相互间摩擦不断。我在谈到开源运动对微软的态度时主张，开源运动不是要打倒微软，只是不赞成微软垄断的经营方式。开源与微软是可以共存的，这样可为用户提供多一种选择。开源和微软主要通过市场竞争，当然在某些条件下也可以进行合作，如在制定、贯彻开放标准，实施互操作，采用混源结构以支持应用解决方案等情况下可以进行合作。至于微软将其生态系统或企业联盟扩展到众多开源企业中的做法，在不损害开源运动的前提下，开源运动将尊重各开源企业自己的选择。微软向 COPU 要求组团参加“广州峰会”，并致函称将全程支持中国开源峰会的召开，并将派李志霄（C.Joseph Lee）博士演讲（题目是《开放标准，互操作性》）。李博士在演讲中提出，实现互操作性的承诺，是不可能由某一厂商单独来完成的，必须形成一个生态系统，要提倡内外合作、共享双赢。微软的专家表示，微软也赞成开放标准，主张实现异构系统的互操作性，要从政策上、定义上、知识产权上、标准部署上、竞争创新上创造条件来解决互操作性问题。在会上也有开源专家提出，任何企业在解决“双方”产品（私有商业软件与开源软件）的互操作性时，某家企业不宜将所谓自己拥有的“专利许可”，不公平地仅授予与其“合作”的某个开源企业及其用户，并以此歧视或威胁其他开源企业及其用户；还有人呼吁开源社会要联合起来，制定共同对策。

中国专家在会上提出，在当前 ODF 已成为国际标准，UOF（Uniform Office document Format，中文办公软件文档格式规范）已成为中国的国家标准的情况下，如何推动 UOF（UOF 中有 75% 左右的条款是与 ODF 一致的，有 20% 左右的条款是可与 ODF 互相转换的）也成为国际标准。微软的专家也提出，如何支持微软的 Office Open XML 也成为国际标准。

在开源中间件分论坛上，金蝶中间件有限公司报告了将本企业的中间件引擎（JSF）实行“开放开源”的情况，并与 Apache、JBOSS、Sun、IBM 的专家，以及来自腾讯、华为、中兴、普天、日立（Hitachi）等企业的技术高层，针对开源中间件技术在发展中的一些现实问题及其趋势，进行了深入的交流和讨论。大家认为本次会议非常成功，对会议的评价也较高。金蝶中间件有限公司的主管深表感谢，认为通过这次交流、讨论受益匪浅；JBOSS 中间件的核心专家王文彬（Ben Wang）博士认为：“此次 OSS 峰会是我参加过最盛大也是最有意义的一次会议，我也收获良多。”

本次峰会还有另外 3 个分论坛，一个分论坛主要讨论开放环境、开放标准问题，同时进行有关开源中间件市场分析、开放客户端（Open Client）解决方案、虚拟化技术等的专题报告。另一个分论坛主要讨论开源软件的应用问题，主要报告主题有《开源软件对整个中国软件产业的影响》《全球开源应用趋势及人才需求发展》《开源软件在金融行业、制造业以及地区的应用》《本地开源社区的活动》等。还有一个分论坛是 6 月 28 日在澳门举办的，主要供海峡两岸暨香港、澳门的代表交流开源运动的经验。

本次峰会还举办了“圆桌会议”，中外专家充分发扬民主作风，以面对面交谈讨论的方式，围绕开放标准、互操作性、生态系统和应用创新问题等主题，交流中国和全球开源运动发展中的热点问题。

参加本次高峰论坛的中外主要嘉宾有陈冲（中国软件行业协会理事长）、Jim Zemlin（Linux 基金会执行总裁）、Brian Behlendorf（Apache 网络中间件创始人）、郑妙勤（Josephine Cheng）博士（美国工程院院士、IBM 院士、IBM 副总裁）、李国杰（中国工程院院士）、倪光南（中国工程院院士）、胡崑山（中国开源软件推进联盟副主席兼秘书长）、Mark Shuttleworth（Ubuntu 社区创始人）、Wim Cockaerts（Oracle 副总裁）、Chris Dibone（Google 资深开源专家）、Larry Augustin（Source Forge 开源社区创始人）、Simon Phipps（Sun 首席开源官）、Tom Rabon（Red Hat 副总裁）、许洪波教授（欧盟 Qualipso 开源项目中国负责人）、Dirk Hohndel（Intel 开源战略总监）、Jim Lacey（LPI 主席）、Masanoba Hirano（Novell 副总裁）、李志霄（C.Joseph Lee）博士（微软中国 CTO）、刘澎（中国开源软件推进联盟副秘书长）、郑思源博士（中科红旗副总裁）、韩乃平（中标软件公司总经理）、袁泉博士（广东 Linux 公共服务技术支持中心主任）、Gregory Lopez（法国 Thales 开源顾问）、胡才勇（红旗中文 2000 公司总经理）、周群（北京拓林思公司总裁）、蔡军（金蝶中间件公司总经理）、王绪刚博士（CSIP 软件部副主任）、李安渝博士（中科院软件所电子商务中心主任）、J.Avon Farr（Apache 核心开发人员）、宫敏博士（中国开源资深专家）、陈钟博士（北京大学软件学院院长）、袁萌（中国开源软件推进联盟副秘书长）、王文彬（Ben Wang）博士（JBOSS 核心人员）、朱敏（WebEX 创始人）、蒋晓东（Scott D Sandell 代表，美国 NEA 风险投资公司总合伙人）、俞建飞（广东省信息产业厅副厅长）、杨海洲（广东省软件行业协会会长）、黄跃珍（广东省软件行业协会秘书长）、谢谦博士（中国电子标准化所测试总监）、王星耀（Sun 公司副总裁、中国研究院院长）、陈实（Red Hat 公司大中华地区总裁）、严旋（Oracle 副总裁）、梁志辉（IBM 中国创新中心总经理）、冯晓焰（Intel 中国 OTC 经理）、韩子天（澳门开源软件协会副会长）、简锦源（香港 Linux 商会主席）、李科研（微软中国技术中心经理）等。

（2007 年 8 月 24 日）

附件：Brian Behlendorf 谈你可能不知道的关于开源的八件事[⊖]

谨向广大读者翻译并介绍 Apache 创始人 Brian Behlendorf 在 2007 年 6 月 21—22 日于广州召开的“开源中国　开源世界”高峰论坛上的报告（摘要），想必对于我们更好地理解开源运动的真谛是有益的。为了便于大家理解，我们做了一些注释。

（2007 年 8 月 24 日）

你可能不知道的关于开源的八件事

Brian Behlendorf

1. 开源软件的诞生早于私有软件

- 主机系统是随着存在于磁带上的源代码一起来到世上的——用户需要修改这些磁带上的代码（开放给他们的），以适应他们自己业务的需要。
- 比尔·盖茨于 1976 年给“ Homebrew 计算俱乐部”寄去的一封著名的信上说道：“停止共享 Altair BASIC”。
- 自由软件基金是在 1985 年为了回击“保持源代码的私有性”这个“新”主意而成立的。

2. Apache 使得 Web 应用无限与自由

- 发端于 1995 年的 Apache 项目有双重目的：实用的（联合我们大家的努力）和理想的（维持 HTTP 为一个开放标准）。
- 我们担心如果一个公司同时拥有浏览器和服务器的市场，那么它就会把讨论标准的努力给消解了，并完全定义它自己的技术标准，以及对每一个网址征税。
- Apache 成立后不久就成为主流的服务器，并且到目前一直保持这个

⊖ 本文为 Apache 创始人 Brian Behlendorf 在 2007 年第二届“开源中国 开源世界”高峰论坛上的所做报告的摘要。

领先地位。

3. OpenSSL（开放的加密通信协议）使人人得以使用加密技术

- OpenSSL 是加密、数字签名等技术的数学函数软件包。
- 几乎每一样对安全通讯有要求的开源软件应用都在使用 OpenSSL，当然也包括许多商业应用软件。
- OpenSSL 是“由透明获取安全”最好的例子。
- 把不合逻辑的美国加密技术出口法置于被公众讨论的位置。

4. 开源软件帮助解析人类基因组

- 商业财团 Celera 在做人类基因组的排序时曾试图把这些人类基因组序列专利化，以获取仅属于自己集团的利益。
- 加州大学 Santa Cruz 分校的在读博士生 Jim Kent 自己写了个 10 000 行的 perl 程序做数据处理，把原始数据也变成了序列化的基因数据。
- 由 100 个 Linux 服务器组成的计算机系统比 Celera 的大型集群系统提前几个月完成了人类基因组的序列化。

5. 微软其实很爱好开源软件

- TCP/IP 在 Windows 上的第一版，是通过移植伯克利（Berkeley Unix）的源代码实现的。
- 微软习惯于把 Unix 的工具移植到视窗上去，并将这些工具的代码开放。
- 为了使许多应用能正常运行，微软目前与开源社区 / 开源企业一起合作，包括 MySQL、SugarCRM，甚至 JBOSS。
- Codeshare、Channel 9 等微软的一些平台的出现，对如下趋势是一个很正面的信号，即不管情愿不情愿，“进一步开放”这个思想已经深入人心。

6. 利他主义与获利主义合在一起，才使人们为开源做贡献

（这句话是否可以如此理解：没有商业模式的开源社区的前期开发与具有商业模式的开源软件发布商的后续开发合在一起，才有可能为开源做贡献。这个观点与我们几年来一直提倡的说法是一致的，也是很多人对开源认识的

一个盲区。)

- 大部分参与者参与开发开源软件项目是出于职业目的，比如修复一个发现的漏洞 (bug)，增加一个功能，以及干扰竞争对手。
- 现有的自由 / 开源软件（FLOSS）的基本集（base）最低限度地代表了 131 000 人年 (表示人口生存时间长度的复合单位) 实实在在的努力。
- 核心的信念：共享源代码的成本是很低的，而获利又足够高，这就证明了共享代码的好处 (避免把这些修改再做移植的劳动)。
- 开源软件的业余开发者常常是最具创新性的，而他们也能承担更高的风险。

7. 最重要的自由：选择的权利

- 任何人都能够创造出自己版本的 Linux、Apache 和 Firefox，并且也鼓励他人效仿自己。
- 许多好的项目起源于民间，这就是“厂商垄断壁垒”被击碎的原因。
- 这也是对开源软件运动领袖的能力最基本的检验，他们必须要有足够开放的胸襟，以使开发者追随左右，而不是跑到其他项目上去，甚至是由于使用同样的源代码基本集而相互竞争的项目上去。

8. 开源软件还能 (在以下方面) 再次改变世界

- 微观金融。
- 选举软件和政府透明度。
- “一个孩子一台笔记本电脑”(One Laptop Per Child) 计划和其他低成本的技术是现实选择。
- 把开发“数字版权管理（DRM)”和其他“反用户技术”等想法置于被公众讨论的位置上。
- 能够在“边沿”创造出无比巨大的机会和价值，比如在本地市场实现去集中化，以及消除壁垒、界线。

2.3.4 2007年第二届“开源中国 开源世界”高峰论坛圆桌会议[一]纪要[二]

谨向广大读者介绍在2007年6月22日于广州召开的“开源中国 开源世界”高峰论坛圆桌会议上中外专家的发言纪要。

Jim Zemlin（Linux基金会执行董事）：

据Saugatuck Technology公司预测，到2011年年底，世界上接近半数的商业系统将在桌面或服务器领域选择使用Linux。今天，Linux的使用量在移动和嵌入式领域更以惊人的速度增长。

陆首群（中国开源软件推进联盟主席）：

Linux系统在服务器领域技术上已经成熟，在桌面领域已经可用。Linux桌面尚需克服三大障碍：①用户的使用习惯；②驱动支持，即自动识别各种硬件并顺利匹配驱动程序；③丰富的应用软件。中国开发的Linux系统与国际水平尚有差距，近年来这个差距正在以惊人的速度缩小。

Jim Zemlin：

Linux桌面系统在解决驱动支持和应用软件方面取得了突破性的发展，像Dell一样的PC供应商已根据用户需求开始向用户提供Linux桌面系统。

我们承认，Windows是最成功的操作系统，但Linux现在也是主流技术平台，可以说，整个IT行业现在已进入了拥有Linux和Windows两个平台的新阶段（即形成主流操作系统的双元系统）。为了Linux进一步取得成功，在双元系统发展阶段，Linux要扬长避短。Linux开放性的开发模式是其最大的优势。要使中国朋友清楚地意识到，采用开源的开发模式，可使中国在IT领域具备更强的竞争力，其他国家已经开始行动了，中国面临着挑战。我认为，开放源码是中国唯一的选项。

[一] 根据国际开源大师们的提议，在召开国际开源论坛之际，会后召开圆桌会议。参加圆桌会议的是国际开源大师、国内开源专家，并吸收一批国内青年才俊参加。会议特点是面对面，就国际开源发展中的问题，进行直率和简短的讨论，属于开源高层会议讨论的讨论性质。

[二] 本文为陆首群教授根据2007年第二届“开源中国 开源世界”高峰论坛圆桌会议发言讨论所整理的会议纪要。

我感谢陆主席邀我参加在中国召开的开源论坛，我也希望给他发一个邀请：如果中国开源软件推进联盟愿与国际 Linux 基金会合作，在中国共同召开一个 Linux 开发设计技术峰会，我们将很愿意把美国和欧洲的一些主要开发者请来，其中包括 Andrew Morton 和其他 Linux 的主要开发者，与中国同行见面和对话。

Linux 和开源在互联网上的优势是明显的，Web 2.0 是在 Linux 和开源的基础上建立起来的。

今天的 Linux，需要建立一个完整的生态系统。迄今为止，Linux 已形成了一个数十亿美元的生态系统。

Dirk Hohndel（Intel 开源总监）:

目前开源在全球已开始成为主流。过去我们谈“开源发展在社区”，其实除社区的贡献外，开源成功的因素还有企业。85% 的社区开发的志愿者来自企业（特别是跨国企业），而不是社会上分散的志愿者。以 Intel OTC（开源 @ Intel）为例，有超过 700 名工程师致力于开源，他们都是高级的 Linux 开发、维护人员和技术专家，对不少开源技术，如虚拟化技术（Xen、KVM、UML）、内核性能、图表算法、移动的 Linux 栈、图表驱动器、固定工具箱、Java 协调，以及开源产品的功率、性能等，做出了无偿的贡献，他们也是 Linux 开放标准方面的主要专家，支持中国的开源社区和企业，愿意为中国提供很多开源工具和开源技术，Intel 还是国际 Linux 基金会的主要发起方之一。

另外，无商业模式的社区做先导开发，具有商业模式的企业做后续开发，两者加起来，才能完整地为开源做贡献。

由于不同国家的文化、环境、语言的差异，开源运动的合作受到了一定影响，我们要研究如何排除这些差异带来的障碍，我们支持中国的开源社区、开源企业的成长。

Brian Behlendorf（Apache 创始人）:

Apache 发端于 1995 年，成立后不久就成为互联网上的主流服务器，至今还一直保持着领先地位。

我认为，利他主义与利己主义，即社区与企业合在一起，才能对开源做贡献。开源软件的业余开发者常常是最具创新性的，很多好的项目来源于民间。微软其实也爱好开源软件。开源软件还面临很多新任务、新挑战，开源软件还能再次改变世界。我们绝对支持中国的开源运动。

这里我想谈一些“使用开源”的企业，像Google，自己不出售开源软件，而是利用开源软件来解决问题，他们不把开源软件商业化，所以和别人不是竞争、排斥的关系，而是增进合作的关系。如果要建立一个更好的信息系统，我建议我们可聚焦于这类用户使用开源软件的案例，即如何用开源技术来解决问题，然后使很多人共享经验，促进事情更好发展，提升一个层次。

Chris Dibona（Google资深开源专家）:

Google大量使用开源软件，你作为用户来说，开源软件给你选择权、控制权，自己可以修改、调整软硬件的配置，这是私有商业软件做不到的。

张建华（LUPA主席）:

我认为，中国缺乏开源文化，这是亟需解决的问题。我还认为，开源文化和我们中央提倡的建设“和谐社会”是一致的，要研究其共同点，争取获得政府更好的支持，促进Linux和开源的推广。我们还要用数据来说话，昨天许洪波博士在开源峰会上讲，欧盟通过开源使56万人重新找到就业机会，在我们中国，是否也可以算一笔账，通过开源的推广和普及，使成千上万的大学生走出一条新的创业和就业之路。

许洪波博士（欧盟Qualipso开源项目中国负责人）:

陆主席曾跟我说，许多开源领袖、开源界的朋友曾对他说，当前中国是开源资源的消费者，还不是贡献者。我在反复思考这句话，中国的互联网发展水平是世界第二，中国的移动通信发展水平是世界第一，我们能不能利用开源技术（如TCP/IP、Apache、Web2.0、Linux、MySQL、PHP/Perl……）在移动互联网上取得领导地位，做出我们的贡献。我曾与陆主席、倪院士谈过，做一个配置在中国移动互联网上的开源平台或开源社区，叫called name，或暂定C-Forge，这是一个全球的开源社区，焦点是Solution

和 Education，我们在国内外可以找到很多合作伙伴，我们可以在开源领域做出中国人的国际贡献。

Larry Augustin（全球最大的开源社区 Source Forge 的创始人）:

我们发展开源软件不是克隆或复制微软的软件，而是要以一种更好的、创新的方式出现，使创新的开源软件更好。人们选择 Office、Linux 软件，要更好地完成工作，这是自由竞争的结果，而不是像微软那样垄断的结果。在 Source Forge 平台上，有 11 万个开源软件项目（100 多万名开发人员参与其中）在孕育之中，微软也在 Source Forge 的平台上参与了 7.7 万个开源软件项目的开发（陆：现在在 Source Forge 平台上也有中国人主持的开源软件项目了）。在中国，我们不是简单地看现有什么东西，而是要创造下一代软件，从根本上改变人们的工作方式和软件的创新方式。

Jim Lacey（LPI 主席）:

发展开源运动，教育、培训人才的工作很重要。LPI 是在全球进行开源软件专业培训和资格认证的机构。当前发展形势很好，经 LPI 授权的培训组织，分布在全球 35 个国家和地区，共 140 多个，其中中国有 5 个。LPI 在全球建立了 7 000 个培训点，共有 145 000 人参加 LPI 考试（其中有 45 000 人获得 LPI 证书）。LPI 十分重视中国地区，今年上半年中国报考人数增加了 1 倍以上。

Wim Coekaerts（Oracle 副总裁）:

开源运动的精髓是社区开发机制。Oracle 参加开源社区开发工作始于 2000 年，Oracle 是 Berkeley DB、Inno DB 等 Linux 内核的开发者，也参与了 Ocfs2、brtfs 等 Linux 内核子系统的开发。

Oracle 也注重工程化实现技术的开发，即组织力量，开始向开源社区有关项目投递“数据包”，从社区开发中获得如何做工作的诀窍（“Hang”），掌握专门技术，积累有价值的工程经验，以用之创造成熟化的开源产品。

目前很多开源项目的参与者来自美国或欧洲，很少来自亚洲。在中国，有很多高科技企业和人才，Oracle 愿意与他们建立联系，在开源方面进行合作。

Chris Dibona（Google 资深开源专家）：

我本人参加 Linux 内核的核心开发团队的工作，对于中国优秀的开发人员，我可以介绍他们与我们的核心开发团队接触，如有机会也可推荐他们进入我们的核心开发团队进行开发工作。

陈钟博士（北京大学软件学院院长）：

众所周知，ODF 已被批准为国际标准，UOF 也被批准为中国的国家标准，代码也同时公开。我个人认为，对于我们国家在电子政务和在各个方面的办公文档，有一个从档案学角度来看可以长期存在的标准应该是非常重要的，是确定国家未来电子文档如何存储、如何处理的重要环节。UOF 标准对中国的情况是适用的，它的技术不是最好的，但是够用。也就是说，中国的政府和用户都可以有信心地去讲，我们的电子文档在中国存放、处理 30 年或者 50 年的方式，应该是先进的。另外，UOF 与 ODF 是有条件融合的，我们可以将 UOF 升级为国际标准。今天，微软的李博士也谈他们的 OOXML，他们也要申报成为国际标准，且即将进行投票。如果 3 个标准都要申报成为国际标准，它们是否能融合、如何去融合，我们是需要进行慎重研究的。

李志霄博士（C.Joseph Lee，微软（中国）公司 CTO）：

微软支持开放标准和互操作性。实现互操作性的承诺，是不可能由某一厂商单独来完成的，必须形成一个生态系统，要提倡内外合作、共享双赢，要从政策上、定义上、知识产权上、标准部署上、竞争创新上创造条件来解决互操作性问题。

无论用什么商业模式，开发出来的软件都必须要提供韧性、可翻译性，因为软件本身是有韧性的、有弹性的，所以是可翻译的，这样才能完成互动合作。大家很快可以看到，微软在 Source Forge 平台上将提供体现可翻译性的 3 种组合软件。可翻译性即可转换性，SOEK 就是将现有的模块加上 Surface Interface，有了标准的 Surface Interface 后，异构系统之间都能互相理解。

微软支持 ODF 成为国际标准，也将申请让 OOXML 成为国际标准，ODF 与 OOXML 之间可互相转换，也可为用户提供灵活的、多一种选择。

王星耀（Sun 公司副总裁兼中国研究院院长）：

有一天在机场，我在等飞机，我的笔记本电脑没电了，就在机场找插座，发现某个地方有插座，我把我的笔记本电脑插上去，发现插座的插口跟我的笔记本的插头不匹配，我的笔记本电脑充不了电，于是我只能去买一个转换器，花了不少钱。今天有个 ODF 成为国际标准，马上又有一个 OOXML 要申报成为另外一个国际标准。Sun 公司旗帜鲜明地表态，我们愿意与中国政府合作，跟所有的单位合作，我们愿意把 ODF 和 UOF 结合在一起变成一个标准，我们今天也郑重邀请微软加入我们这个联盟，我们把 ODF、UOF 跟 OOXML 三个标准结合起来变成一个唯一的国际标准，让它公开、开放，我们不要转换、不要分立，不要两两组合，我们主张一个标准，大家都好办事。

倪光南（中国工程院院士）：

中国对开源软件的发展可以说贡献还不够。但我们中国有关的大学、企业，包括有关机构，正在努力编制并贡献一个开放的、没有权利性的、没有知识产权问题的文档标准，我们主张把 UOF、ODF 合在一起。刚刚王先生已经说过了，我们欢迎大家一起来做。如果全世界仅有一个非常开放的、大家使用起来放心的、非常好的文档国际标准，那今后大家永远不用担心某一天自己的文档会打不开，或者会需要用某个软件才能打开。我想这是中国可以做出贡献的。

李安渝博士（中科院软件所电子商务中心主任）：

我们中心曾经是 UOF 早期项目的开发者，当时没想到要打破垄断，也没想到要开源，只是想如何去做一个 XML 的文档格式，以便推动 XML 在电子商务中的应用。现在 UOF 已成为国家标准，我支持它争取成为国际标准。

我对国内开源运动的现状有危机感，当然我也看到其发展的光明前景，关键还要靠我们努力去推动。在当前我们的企业中，面对两个主流操作系统，要研究并解决好它们之间的融合或实现互操作问题。

王文彬博士（Red Hat 亚太区 JBOSS 负责人）：

如今开源在欧美已变成主流，但在中国什么时候能变成主流呢？我于

2003年加入Red Hat/JBOSS公司，我是做开发的，我的目的是推动我们公司与中国的合作，使Linux、开源中间件和各种开源软件成为中国的主流。

黄跃珍（广东省软件行业协会秘书长）：

近年来，广东省政府颁布一系列政策和措施，为发展Linux和开源软件提供有力支持。广东省成立了Linux公共服务技术支持中心，我们与法国Object Web合作成立了开源中间件研究所，我们获得了欧盟的科技支持，与欧盟合作开发并建设了开源质量平台（Qualipso）和国际竞争力中心。在嵌入式软件方面，中兴通信和华为公司均开发了Linux智能手机，我们为发展开源产业，致力于推动广州与国内、国际的合作。

韩乃平（中标软件公司总经理）：

我是来自企业的，企业的目的实际上是创造客户，实现客户价值，开源软件完全是为实现客户价值服务的。开源的发展，需要社区、企业、协会（联盟）、高校、政府以及文化、法律、标准等支撑机构的共同推进。要把发展中国开源软件放在中国整个大的软件环境中来考察。应该说，中国的软件环境在全球范围内，无论在人才、技术，还是资本、设施等方面都还是偏小、偏弱的。为此，发展中国开源软件任重而道远，但我们要义无反顾，勇往直前。

（2007年8月28日）

2.4 东北亚（中日韩）开源软件推进论坛

2.4.1 第六届东北亚（中日韩）开源软件推进论坛㊀㊁

2007年9月12—13日在韩国首尔召开了第六届东北亚（中日韩）开源软件推进论坛，同期举行了第六届东北亚IT局长会议，由欧盟委员会成员Christophe FORAX率领的欧盟代表团也参加了会议。

㊀ 东北亚（中日韩）开源软件推进论坛是在中、日、韩三国ICT部长倡议并支持下成立，自2004年开始每年在中、日、韩各国轮流举办。

㊁ 本文为陆首群教授整理的第六届东北亚（中日韩）开源软件推进论坛的总结材料。

部分与会代表合影

会议认为，开源软件已开始成为全球主流，Linux 和 Windows 两种操作系统已形成主流技术平台的“双元系统”。开源软件已成为中日韩三国软件产业发展的一个重要机遇。开源软件在美欧已是主流，其他地区（含东北亚）要奋力赶上去。欧盟代表认为，目前美国在全球开源运动中起主导作用，欧盟愿与中日韩合作，充分利用相互的资源和中日韩开源论坛的合作机制，把中日韩与欧盟的开源运动推向全球的前列。

陆首群发表演讲

会议交流了三国及全球的各种操作系统在 2006 年的市场占有率，如下表所示。

中日韩及全球的各种操作系统在 2006 年的市场占有率

桌面系统					服务器系统				
国别	中国	日本	韩国	全球	国别	中国	日本	韩国	全球
Windows	94%	96.6%	98.8%	90%～92%	Windows	44%	76%	65%	64%
Linux	3%	0.1%	1%	3% ～ 5%	Linux	9%	10%	23%	19%
Mac	——	3.3%	0.2%	5% ～ 7%	Unix	46%	13%	11%	11%
Others	3%	——	——	——	Others	1%	1%	1%	6%
数据来源	COPU	Gartner Data-Quest	IDC		数据来源	COPU	IDC	IDC	IDC

从表中所列数据来看，服务器领域的 Linux 操作系统已成熟，市场占有率也占相当比重。据 Gartner 统计，2005 年全球 Linux 服务器年增长率为 20%，Windows 增长 5%，Unix 下降 10%，Linux 是目前增长最快的操作系统。

但迄今为止，微软的 Windows 操作系统在桌面领域仍处于霸主地位，从表上数据看，桌面领域的 Windows 的市场占有率达 90% ~ 99%，而桌面领域 Linux 的市场占有率只有 0.1% ~ 5%。Linux 要在桌面领域挑战 Windows，任重而道远。中日韩开源论坛讨论了这个问题，并认为，Linux 在桌面领域向 Windows 挑战的过程中遇到三大障碍：

①用户使用习惯；

② Linux 驱动支持（自动识别硬件和顺利匹配驱动程序）；

③丰富的应用软件。

第 1 个问题涉及开源人力资源开发建设和教育培训问题，第 2、3 个问题主要是技术开发问题。目前 Linux 桌面对于横在自己面前的三大障碍已有所突破，Linux 桌面系统的大发展可说是指日可待。

中日韩关于开源软件合作的主体是企业、社区、学校及各个基层的支撑机构，政府的作用是指导、协调和服务。政府也有责任为发展开源运动营造良好的环境。第六届东北亚 IT 局长会议审议了中日韩三国举办开源软件推进论坛的总体情况，特别检查了对“互利多赢、务实推进”合作方针的落实情况，讨论并总结了三国关于开源软件项目在沟通、交流、合作方面取得的阶段性成果，交流并研究了为推动开源软件的发展在营造良好的发展环境方面的政策和措施（如制定对开源软件产业的扶植政策，审议政府采购政策的执行效果，研究有关知识产权保护的问题，如何抓好人力资源开发和建设的问题，如何抓好立法、标准和基础设施建设的问题，国际合作问题，以及要重视如嵌入式、数码内容、数据安全认证等战略领域的问题等）。局长会议十分关注交换关键的开源信息，包括技术发展趋势，如 SaaS、SOA 等。局长会议决定将努力建设一个有利于开源软件发展的市场环境。中日韩三国还将继续讨论如何扩大和加强开源软件的应用。会议最终通过了第六届东北亚 IT 局长会议纪要。

会议现场

第二届中日韩开源软件推进论坛倡议建立有关开源软件合作开发的 3 个工作组，即 WG1——技术开发与评估工作组，WG2——人力资源开发与建设工作组，WG3——标准化与认证工作组。在第三届中日韩开源论坛上，工作组已建立并开展工作。迄今为止，3 个工作组均取得了实质性的阶段成果，并制定了继续或新开合作项目的计划。

关于 3 个工作组的开发情况，简要总结如下。

WG1

已完成合作开发的课题

- 已完成开源数据资源管理（DRIM）项目或分布式操作系统管理环境

v1.0（Open DRIM 管理技术套件）的发布；

- 已完成 Linux 回归测试项目（测试了 300 个实例中的一半，对约 133 个 Linux 内核系统呼叫进行测试），发布了 v1.0，并开发了相应的测试工具；
- 已完成开源数据库（MySQL、PostgreSQL）管理系统规范数据测试项目，并提交与商业数据库比较的报告，其成果已于 2007 年 4 月发布，本项目为中日韩相关规范数据程序制定了标准；
- 已提出桌面 Linux 推进路线图；
- 已提出桌面 Linux 参考平台 v1.0。

继续或新提出合作开发的课题

- 继续合作开发 DRIM；
- 合作开发基于可访问控制模块的安全实体（SEEN），即开发 Linux 系统安全模块；
- 对重点互联网网站进行测试，以保证开源浏览器成功访问，以期 Linux 桌面用户可获得相同的服务；
- 排除 Linux 桌面应用的技术障碍。

WG2

已完成的开发课题

- 中日韩三国开源人力资源现状的调查；
- 组织讨论针对开源软件开发者和使用者的课程及教材的开发问题（以及有关相互测试、专家认证等程序）；
- 组织两次三国开源作品竞赛，并举行颁奖典礼（2006 年为第四届、2007 年为第六届）；
- 合作编制“东北亚开源人力资源开发分析报告”，拟于 2007 年年底发布 v1.0。

继续或新提出合作开发的课题

- 继续提出开源软件相关技能种类和技能水平领域提升的分析报告；

- 完成东北亚开源人力资源课程模块（v1.0）；
- 继续讨论中日韩三国开源专家资格相互认证计划；
- 继续讨论为开源哲学、开源社区、开源软件开发、开源商业模式、开源人力资源开发和知识产权事务做出杰出贡献的人士设立特别贡献奖的问题。

WG3

已完成合作开发的课题

- 已完成为验证“输入法”而提出的关于“输入法基础通信框架”，已于2007年8月发布；
- 合作开发“语言输入法引擎界面”，将于2008年2月提出草案（v1.0）。

继续或新提出合作开发的课题

- 继续做好“输入法界面”的开发工作；
- 合作开发“Web（网页）互操作性”（2008年3月提交网页差异性报告v1.0；9月提出最终版本v2.0）。

在中日韩开源软件推进论坛上，与会专家对由三国推荐的9项优秀的开源作品进行了评奖，并举行了颁奖仪式。

颁奖嘉宾与获奖代表合影

这些作品具有相当高的水平，如中国科技大学博士生吴峰光的“自适应文件预读算法”，可以有效地提高I/O性能，已被Kernel（Linux）社区吸收，写入了 Linux 内核发布版——Kernel 2.6.23 和 Kernel 2.6.24 中。中日韩开源软件推进论坛从第一届到第六届，可以说一届比一届开得好，一届比一届开得开放、充实、活跃、有实效、丰富多彩，吸引着中日韩三国地区内外的众多眼球。随着论坛闭幕，这一届开源论坛发表了例行的主席声明。

（2007 年 9 月 12—13 日）

2.4.2 中日韩合作培育开源人才[1]

2009 年 2 月 20 日在北京举行了中日韩开源软件人力资源开发与培训研讨会。主办单位是中国开源软件推进联盟，协办单位是北京大学软件与微电子学院、共创开源联盟，主要嘉宾有日本信息处理振兴事业协会（IPA）和韩国 IT 产业振兴院（KIPA）。

工信部软件服务业司、中国国际人才交流基金会的领导参加了会议并讲话。

参加会议的还有中国 CSIP、红旗教育学院、清华大学、北京交通大学、中科红旗、中标软件、北京拓林思、BLUG、天石网通、金山软件、尚观科技培训中心，韩国建国大学、首尔大学，日本三菱综合研究所、北海道大学，以及 Intel（中国）、Sun（中国）等学校、企业和机构的代表，共 36 人。

中日韩开源软件人力资源开发与培训研讨会部分人员合影

[1] 本文是陆首群教授在 2009 年 2 月 20 日在东北亚开源软件推进论坛第二工作组（开源软件人力资源开发）举办的中日韩开源软件人力资源开发与培训研讨会上的发言。

下面为陆首群主席的致辞。

各位嘉宾：

早上好！

开源软件人力资源开发与培训是一项基础性工作，对于开源软件的发展、应用和普及十分重要。

东北亚开源软件推进论坛建立了 2 个工作组，其中第 2 工作组就是研究开源软件人力资源开发的，中日韩三国针对这个课题进行沟通、交流、共享、合作，工作组成立至今已四年半，取得了不少务实的阶段性成果。

几年来，中国在开源软件人力资源开发与培训方面采用政府和民间结合、正规办学和短期培训结合、开源教学和知识竞赛结合等灵活多样的方式。我们也从日、韩经验中，受到启发，学习到不少东西。

23 年前，我们曾和日本信息服务产业协会（JISA）合作，一起推动"计算机应用软件人员水平资格考试"相关工作，当时采用同样的试题，后来在两国政府的支持下，做到了资格认证和资格互认。

今天，我也希望这次研讨会，能进一步探讨人力资源开发问题，深化三国合作；在师资、生源、教材、教育培训方式、建设开源教学体系、基础设施建设（如你们正在讨论的建立教学案例库、认证测试库等）、开源知识竞赛、国际合作、资格认证以及资格互认方面，交流经验、交换观点、分享知识和成果，并在取得共识的基础上，有所进展、有所突破和进一步深化；为中日韩三国开源人才的开发和培训，为推进东北亚与全球开源软件技术与产业的发展做出贡献。

2.5 建立开源社区开发创新机制

建立开源社区新颖的开发创新机制，对推进开源软件的发展特别重要。本文重点讨论如下一些问题：什么是新颖的开源软件开发机制？为什么要参与国际开源社区的开发？所谓的"贵在参与"的重要意义是什么？创建中国的开源社区需要具备什么条件？两种开发创新模式的内涵及其关联如何？中国开源软件在起始阶段的开发创新活动中，过去有哪些“欠债”，现在需要做哪些“补课”，今后又如何“奋起”？如何看待国内开源社区/开源企业从学习模仿阶段向创新发展阶段的转变？

开源软件的开发机制，不同于私权商业软件那种传统、封闭的开发方式，而是一种新颖的、自由的、开放的、共享的、依托于开源社区的开发方式。

参与开源软件的所谓“社区型”的开发方式，是体验开源文化（或开源哲理）、积累工程经验、增长技术才干的重要组成部分。

Linux 创始人 Linus Torvalds 认为，开源成功的奥秘并不在于源代码（开放）本身，而在于其开发方式，即允许所有程序员参与开发的开放源代码文化（哲理），与他人共享自己的开发成果，因此开源社区不断扩大，创新浪潮高涨。

开源社区是一个具有“集体开发、合作创新、对等评估”，以及“源码公开、使用自由、资源整合、信息共享”特征的创新体系。它是建立在自由开放的互联网平台上的，很多创意通常自下而上来自底层的程序员（Programmer）或志愿者（Volunteer）。这个创新体系能够广泛吸收全球广大志愿者的智慧，促使广大志愿者之间经常产生大量思维碰撞，并往往撞出不少耀眼的思想火花，经常迸发出创新点子，从而在技术上有所突破。社区开发创新体系可以开发出全部创新的产品性能，一般可向社会/市场发布社区版（或 β 测试版），而与 β 测试版对应的新产品的创新性能，可能尚不够系统、不够稳定、不够成熟。志愿者一般由学校的学生、教师，社会的黑客、业余爱好者，企事业开源技术研发中心或开源技术小组的人员组成。志愿者向开源社区提交（Submission）自己开发、修改的“软件包”，而开源社区则对众多志愿者提交的“包”进行“选包、打包、集成、测试、优化”循环的创新活动。

开源社区一般分三种类型：

（1）专业型社区　指针对专业技术进行开发的社区。如 Linux 操作系统内核社区（www.kernel.org），GNOME 桌面图形系统社区（www.gnome.org），KDE 桌面图形系统社区（www.kde.org），开放办公套件社区（www.openoffice.org），开源浏览器社区（www.mozilla.org、www.firefox.com）等。

（2）产品型社区　指在产品开发全过程中，其先导的社区开发与后续的企业开发，以及企业的销售、支持、服务等活动相衔接的那种社区。如先导的 Fedora 社区（www.fedora.org，其相应的后续企业为 Red Hat），先导的 openSUSE 社区（www.opensuse.org，其相应的后续企业为 Novell），先导的 Ubuntu 社区（www.ubuntu.org，其相应的后续企业为 Canonical）等。

（3）平台型社区　指志愿者可申请在其上立项，主持相应项目的开发工作，可利用其所提供的开发工具、管理工具等环境资源，并可在其平台/网络上招聘同组的开发人员，也可在其上募集开发基金的平台型社区，如 SourceForge 社区（www.sourceforge.org）。

志愿者向开源社区提交"软件包"，不一定就会被社区选中，竞争相当激烈，往往要受到所谓"抢占（Preemption）"机制的挑战。开源社区从分散的志愿者中形成社区核心层，社区也有少量的资源与日常管理人员、测试人员等，在核心层人员中，可能有开源领袖或大师、技术骨干，其中还有监护人（Package Maintainer），他们负责选包、打包、集成、测试、优化以及监控工作。资源管理或打包工具均是自动化的，如 Fedora/Red Hat 采用资源包管理（Resources Package Managment，RPM）的打包机制，Ubuntu/Debian 采用高级打包工具（Advanced Package Tool，APT）。在开源社区选包优化循环中，一是要依靠社区骨干、监护人，或开源领袖的工程经验（判断力）；二是要进行相应的一系列测试，如专项测试、开发测试、编译测试、二进制回归测试、集成整合测试、社区版（或 β 版）全面测试。志愿者被开源社区吸收并参与开源系统项目的开发工作，即可在国际社区加入"开源树（Linux/OSS Tree）"的行列。

我手头有一张表，表中显示全球志愿者对"Linux 操作系统内核

（Kernel）社区”关于 Kernel 2.6.4 项目（发布版）开发创新的贡献率。表中显示，以 Linus Torvalds 为代表的团队（OSDL）为 30.31%，IBM 为 5.22%，Red Hat 为 4.35%，Debian 为 3.79%，Intel 为 2.55%，SGI 为 2.30%，Samba 为 1.99%，Novell/SuSE 为 1.99%，HP 为 0.93%，Sun 为 0.19%，SourceForge 为 0.19%，Yahoo! 为 0.19%，Toshiba 为 0.12%，Fujitsu 为 0.12%，Torbolinux 为 0.06%，Dell 为 0.06%，其他为 45.64%。

这是一张几年前的表单，在这张表中未查到中国的企业或个人。

参加国际开源社区的开发工作的中国企业或个人，以往犹如凤毛麟角，但近年来多起来了。如“灰狐社区”的“Jfox 应用服务器”等已在国际社区注册登记；国人对 ext3 文件系统改写的部分代码、对 USB 串行总线改写的部分代码，以及“Linux 虚拟服务器（LVS）”针对提高 I/O 访问效率的虚拟内存管理等开发项目已进入 Linux Kernel 社区（www.kernel.org）；关于“Windows 驱动软件模块”，即“在 Windows 环境中读、写 Linux ext3 文件系统的软件模块”，SCIM 智能通用输入法等系统性开发项目，国人已在全球最大的开源社区 SourceForge（www.sourceforge.org）完成了立项。但总的来说，参加国际开源社区的开发工作的中国企业或个人，目前还是少而散，其中中国企业的参与则更少。

我们要鼓励国人和国内企业积极参加国际开源社区的开发创新活动。不言而喻，这样做不但可为开源软件的开发创新做出贡献（其成果融合在开源社区的“集体开发、合作创新”机制中），而且通过参与，参与者还可以体验开源文化、积累工程经验，了解、把握开源软件的体系结构、顶层设计等全局性技术，这有利于开源人才的成长，也有利于参与者在后续的企业开发中提高开发和把握开源软件“工程化实现技术”的能力。

有人指出，我们要不失时机，积极创建中国自己的开源社区。我认为，目前的条件似乎还不完全成熟。建设中国自己的开源社区要具备哪些条件呢？

（1）要以英文 / 中文作为开源社区的工作语言（最好是双语言），因为我们的社区是面对全球志愿者的，光有中文是不够的。

（2）要有一批在开源领域具有丰富工程经验的领袖或骨干主持社区工作，这不但可树立一个形象，有助于吸引志愿者上网访问社区并向社区提交“软件包”，而且也有利于及时、有效地完成社区的“选包、打包、集成、测试、优化”循环工作。

（3）要建立一个网络和平台（含数据库）。

（4）要有一套有效的、自动化的选包处理方法，如 RPM、APT 等。

（5）要取得与国际开源同类社区的授权，如 Ubuntu 社区的很多资源、人才来自 Debian 社区，他们是在 Debian 丰富资源的基础上进行移植、剪裁、精简、再开发、再创新的，所以他们要取得 Debian 社区的授权，并取得 Debian 的“支持”（提供服务的主要内容），为此他们每年要向 Debian 付费。

（6）要向国际“开放源代码协会（Open Source Initiative，OSI）”注册，并申请本社区执行的许可协议。各社区申请并被 OSI 批准使用的许可协议各种各样，如 GPL、LGPL、MPL、Free BSD、CDDL 等。

（7）建立相应的测试基地。

（8）建立基金会，可由政府支持（很少见），也可由企业、组织或个人捐助，如属“产品型社区”，当然应由相应企业出资解决。

（9）本社区要与负责对发布版进行后续“支持”“服务”的企业有密切联系，相互做好及时的信息反馈、信息共享，并要及时发现“缺陷（Bug）”，及时提出打“补丁（Patch）”措施，做好用户服务。

当前的问题是，我们要鼓励国内企业与个人积极参加国际开源社区的开发工作，也可鼓励中外合作，在国内建立开源研发中心或 Linux/OSS 技术中心（LTC/OTC），参与国际开源社区的开发工作；也要积极创造、完善条件，创建、健全我们自己的开源社区。

为了全面、完整地开展开源软件的开发创新活动，在开源社区创新体系之外，我们还需要建立一个后续的企业创新体系，与之互为补充。企业创新体系是针对解决“工程化实现技术”的，是进行“自主开发、自由创新”，具有“技术不公开（含有技术秘密和商业秘密）”“自主知识产权”特征的。

自主开发工程化实现技术，完全不会影响自由 / 开源软件保持其“源码公开，使用自由，信息共享”的基本特征。

关于工程化实现技术，主要表现在以下几个方面。

（1）开放源代码实施方面

国际知名 IT 评论家 Matt Asay 指出，Red Hat 发行版全部源代码在交付用户使用的二进制版本（即“ ready to go”版本）时，并不是这些源代码编译的结果，其中存在着一些差异，这就是技术秘密和商业秘密。最近我在与 Linux 内核设计大师 Andrew Morton 讨论时，Morton 认为，Red Hat、Novell 等企业的 Linux 发布版的源代码与“官方的（official）”的源代码也存在大约 3% ~ 5% 的差异，而这些差异并不是各自在打补丁时所产生的时差所致的，这完全取决于对工程技术与工程经验的把握程度。不言而喻，这些差异体现着开源产品性能的优化，而这种优化是由“工程化实现技术”所决定的。

（2）Linux/OSS 产品的各软件模块的配置组合效应方面

合理的配置技术最终会提高产品的稳定性、计算效率以及优化性能，这也取决于工程化实现技术。

（3）发布版的测试认证方面

产品与主要协作厂商（IHVs、ISVs、SIs）的产品进行协同测试认证，以提高产品的质量，提升其成熟度，这也纳入了工程化实现技术的范畴。

目前国际上有一些开源社区也继续延伸做了部分“工程化实现技术”，因此其社区发布版性能的稳定性与成熟度也提升了。

中国的一些开源企业在早期开发时是欠了“债”的，出现了“先天不足”的现象，今天要不要“补课”，如何“补课”，须作研究。

为什么中国的一些开源企业在早期开发阶段存在“先天不足”呢？原因如下。

（1）没有参与国际开源社区的开发过程，而是沿袭传统封闭的开发方式。

（2）通常是从网上自由下载源代码和相应软件，采用学习、仿制的方式完成产品设计，接着通过测试手段进行挑错、纠错，并改进产品性能。企业没有充分开展研发创新活动，也没有重视积累工程经验和采用工程化实现技术并优化、完善产品性能。

有人统计，一些国内企业开发的早期开源产品（发布版），其卸载率高达31.9%。

为此，今天要"补课"，问题是如何"补课"。积极参加国际社区的先导开发，这是当然要做的，但见效的周期较长。所以"补课"必须坚持"两条腿走路"的方针。

目前国内一些开源新兴企业坚持"两条腿走路"的方针进行"补课"，已初具成效，它们的措施如下。

（1）抓应用试点

通过应用试点，新兴企业充分暴露并发现产品性能与用户需求的差距和问题，随后辅之以相应的研发和测试，进一步挑错、纠错，优化、完善。采用这种做法，当开源软件发布版累计到大致第 5 版以上时，产品性能才趋于稳定、高效、优化。

（2）抓质量认证

一些开源企业已与 IHVs、ISVs、SIs 大力协同，针对企业产品与其配套的软硬件产品或产品集成，进行严格的测试认证，从而使产品性能更趋于稳定、优质、完善。

（3）积极开展技术研发

新兴企业参与社区和其他企业的研发工作，包括国际合作，以研发成果来改进、提高开源产品的性能。

中国开源运动已经开始重视体验开源文化或开源理念，开始摆脱传统封闭的开发方式，转向以开源社区为先导的开放的开发机制，也开始重视工程经验和工程创新。中国开源运动正在从学习模仿阶段，走向创新发展阶段；

已经涌现出一批新兴的开源企业，在积极参与国际社区开发的同时也已开始创建、健全自己的开源社区。中国开源运动已越过启动准备期，转向了健康成长期。

2.6 开源是中国的战略选择㊀

记者：中国作为发展中国家，参与和发展开源软件及其社区具有哪些重大意义？

陆首群：中国软件产业发展还比较落后，而且基础软件，包括操作系统、数据库、中间件，还包括一部分主要的应用软件和软件工具，这些东西，一是没有成体系，二是缺口大。现有的主要是一些游戏或者应用软件，比如用友、金蝶软件。从目前看，我国还处于“缺芯少魂”状态，即缺乏自主开发的微处理器等高集成度芯片以及操作系统等核心软件，我国还缺乏高科技人才，特别是缺少软件系统和芯片的设计师、架构师。中国的操作系统、数据库用什么？国内数据库开发规模小，而且重复开发建设，“航天”在开发，“人大”等也在开发。因此，与 Oracle 数据库、IBM 的 DB2 数据库、微软的数据库的差距还大。

所以，与发达国家比较，中国作为一个大国，一旦发展起来，可能芯片产业、软件产业的发展和应用会拖后腿。为发展核心器件和基础软件，国务院专门成立了一批专项作为“十一五”规划项目并拨款，资金数目比较大。同时，我国大飞机项目、航空母舰、人造卫星发展都离不开信息技术和产业的支撑。“核高基”专项，核是核心器件，高是高集成度芯片，就是集成电路，基就是基础软件。“核高基”项目由科技部和工信部联合推进。其中，基础部分由科技部组织专家提出项目，由工信部执行。有资金支持，怎么搞？经过专门讨论，基础部分必须要在开源软件的基础上研发和推进。因为开源软件的源代码是开放的，看得见，用得上。

㊀ 本文为陆首群教授接受《中国制造业信息化》杂志记者专访的内容。

软件人才、开发能力、研究成果，以及开发方法、技术工具、管理工具和工程经验等，是一个系统工程，参与和发展开源软件及其社区，为我所用，是站在巨人的肩膀上发展中国的软件产业，意义重大。

所以，我国通过国际合作进行开源软件的开发，软件产业就有可能实现跨越性的发展。

记者：中国开源社区作为开源运动的重要环节，其发展很大程度上反映了开源运动的现实情况，请您介绍国际 / 国内的发展状况。

陆首群：我先谈谈开源社区。开源社区的开发方式与传统软件的开发方式不同。在全世界有很多社区，有很多志愿者或出于爱好，或出于对不同的开发课题的兴趣而参与开发和互相交流。开发从草根开始，自愿参加，并且具有很强的创新活力。全球开源软件社区现在有 200 万个志愿者在参与开发，很了不起。微软开发 VISTA，组织了 5 000 人，但能跟 200 万人相比吗？现在，情况慢慢发生变化，有几百家跨国公司对开源很感兴趣，集中公司内部人员走社区开发模式，微软有四五百人，Intel 大概有 800 多人，IBM 有 600 人等。跨国公司的人员，针对不同的社区软件进行开发，无偿公开开发成果。

主要的开源软件有 Linux、Apache、MySQL、PHP、Python、Ruby、FreeBSD、KDE、FireFox 等。

现在，中国大概有 50 多个社区。中国开放源代码软件（OSS）推进联盟的会员单位，包括大学、企业、研究院，还有软件行业协会等机构。有很多用户，比如银行的用户、电信的用户也是我们的会员单位，另外还有一批跨国公司和它们在中国的分支机构等。

记者：中国的信息技术应用前景很广阔。请问，目前开源软件在中国市场的占有率和成长性如何？并且，未来市场应用潜力怎样？

陆首群：现在，中国的软件和服务市场应该说是全球潜力最大的，为什么？

软件服务已经发生了战略性转移：第一是汽车电子化，这与互联网的发展有关，现在中国互联网用户规模全球第一，宽带使用也是第一；第二是数字化家庭，家庭娱乐、家庭电子化等；第三是移动通信，比如手机使用规模，中国也是全球第一。

开源软件是中国发展的战略选择，如果不采用开源，我们自己发展会很困难，若只能购买国外软件，则“命运”只能掌握在人家手里。

现在，开源软件的生长力很强。在国内以 Linux 举例，Linux 操作系统是开源软件的重要部分，现在的应用增长率大概是 30% 左右，全世界是 20% 左右，中国的发展高于世界的平均水平。值得一提的是，Linux 的 20% 左右的增长率也是各个操作系统里最高的，中国“高于世界平均水平”就更值得称赞。而市场占有率方面，中国大概是 12%，世界平均是 30%，差距还很大。

（《中国制造信息化》2009 年 1 期）

2.7 开源的兴起

2007 年 6 月 21 日，我于在广州召开的“开源中国　开源世界”高峰论坛国际会议上，做了一篇名为《开源春天》的主题报告，在报告中我曾谈道：“开源软件的兴起，日益改变世界软件产业的发展轨迹，也为中国软件产业的发展带来机遇。”现在，开源在中国、在全球的发展如日中天，回过头来看看 8 年前的报告，感触良多！在这里，我想进一步谈谈自己对开源的理解，并与大家交流共享。

1. 开源的概念

开源（Open Source）软件是开放源代码并遵循开源许可证可进行自由传播的软件。所谓自由传播，是指可以自由发布、自由复制、自由修改、自由使用。不同开源许可证规定了不同的开源软件具有不同的自由度。自由软件（Free Software）具有最大自由度。开源软件和自由软件既有区别，又可看成一体的，我们习惯称之为自由 / 开源软件，开源与自由是从两个角度看待同一类事物，开源侧重于从技术或方法层面，自由则侧重于被许可的权利层面。

自由软件在体现授予用户的自由权益与可自由访问代码的前提下，拥有四大基本自由，即使用或运行自由、学习或修改自由、分发自由和再分发自由。一般来说，开源软件是有商业模式的，自由软件是坚定反对私有制的，当然也是反对利己主义的商业模式的，即不主张自由软件商业化，但为使自由软件能成规模、持续发展，一些自由软件推动者，也不得不启用“商业模式”，这就有点讽刺意味了。人们在开发新软件时，欲利用、移植或剪裁现有的开源资源，是允许的，也是能方便做到的，即人们可以从互联网上自由地免费下载开源代码，并进行自由复制、修改、使用，也可在修改或剪裁后自由地进行二次发布，但这里有一个制约条件：不能违背开源许可证的规定，中断或破坏被应用、移植或剪裁的开源软件自由传播的特性。这就是说，人们不可以侵犯开源软件的知识产权。

2. 开源的基本理念

开源的基本理念是创新、开放、自由、共享、协同、民主、绿色。开源技术本质上是测试技术，开发是否成功最终要通过测试来检验。开源营造开放环境，制定并执行开放标准，发布开源代码，为异构产品、不同系统的互连、兼容和互操作开路，提倡进行自由传播，实行资源共享，鼓励采用开源社区的开发机制进行协同创新、合作创新。开源将推动信息由不对称状态趋向对称化，而信息对称化是开源民主化的特征，并且开源的开发环境和开发机制也充分体现了开发创新过程的民主化，支持绿色可再生能源的开发应用和绿色环境的建设，以及推动零边际成本社会的实现也符合开源的“绿色”特征。

3. 开源的核心环节

开源有 10 个核心环节。

① 开源程序代码行（内容本身）。

② 开放标准（用以指导开源开发、运行、服务的环境建设和行为规范，并作为异构系统之间互连、兼容和互操作的依据）。

③ 开源社区（开源文化的代表，开源软件采用开放创新、大众创新、协同创新、合作创新、社区创新、用户创新的创新形态，而社区创新是其他 5

个创新的总枢，开源社区创新采用开放的分布式的社区开发机制，即吸纳全球志愿开发者，实行集体开发、协同创新、资源共享、自由讨论、对等评估、测试验证的机制，随后由社区对自己开发的开源软件继续负责维护和升级服务工作）。

④ 测试条件（开源技术实质上是测试技术）。

⑤ 维护团队（维护与开发同等重要，维护是生态的重要组成部分，社区或企业要组织维护团队，负责开源软件的维护（FixBug、Patch 等）和改版升级工作）。

⑥ 开源生态系统（建设开源生态系统是现代企业维系市场竞争力所必需的）。

⑦ 用户体验（自由开源软件是尊重用户、用户为先的软件，是用户参与开发的软件，是给予用户自由的软件。此处的用户是指社区成员和使用者）。

⑧ 商业模式（开源软件是有商业模式的，目前开源的商业模式多为服务或“捆绑提成”方式，要鼓励社区或企业对开源商业模式的探索创新工作）。

⑨ 应用商店（吸引第三方参与开发应用程序）。

⑩ 开源许可证（采用左版版权，由开源促进会 OSI 批准的开源许可证是开源软件遵循的规范）。

4. 开源的商业模式

开源（Open Source）源于自由软件（Free Software），开源软件中也融入了很多自由软件，如 GCC、GNOME、TOOLKIT 等，开源和自由软件两者都是成功的，通常称之为 FLOSS，看成一体的。开源在保留自由软件的基本特性——用户（或社区）为先（体现用户的自由权益）、开放源代码、自由传播（两者自由度不同）、资源共享、协同作业的基础上，从推动其大发展需要（生产、应用）出发，并考虑开发者、生产者（或发行者）的自身利益，加入了商业化运作基因（开发商业模式）。这让我想起了 Apache 创始人 Brian Behlendorf 在 2007 年对我说的一段话：“开源是利他主义（Altruism）的或者说是共产主义（Communism）的（注：我想他是指开源的开放、自由、共享、协同特性)，专有软件或私有软件当然是利己主义(Egoism)或资本主义(Capitalism)的，而开源的商业模式也是利己主义的。利他主义的开源与利己主义的商业模式结合在一起才能为开源做贡献。”随后他应联合国之邀，在联合国“信息社会世界年会”的演讲中指出，开源既含共产主义因素也含资本主义因素，既是商业的也是公益的或个人爱好的，而且还是学术的。

5. 开源的历史

开源(Open Source)一词是1998年2月3日由Chris Peterson提出的，“Open Source”的概念出自当时著名的黑客(Hacker)社区Debian的社长Bruce Perens起草的“自由软件指导方针”。在“Open Source”概念提出的次日，Linux创始人Linus Torvalds就给予了非常重要的版权许可说明，Bruce Perens发起建立了www.OpenSource.org网站。对确立“Open Source”概念有决定意义的是1998年4月7日由18位自由软件运动领袖召开的“自由软件高层会议”，会议通过了传播开源的必要性的议题。这次会议由Tim O’Reilly主持，Brian Behlendorf(Apache创始人)、Linus Torvalds(Linux创始人)、Guido Van Rossum(Python创始人)、Eric Raymond(著名记者、OSI首届主席)等参加。自由软件(Free Software)运动创始人Richard Stallman开始也同意开源，后来改变了主意。1998年4月，黑客社区内部爆发了一场关于“Open Source”和“Free Software”的学术与意识形态的激烈争论，最终“Open Source”占了上风，争论才日渐平息。

6. 确认开源概念

1998年4月7日在美国加利福尼亚州的Palo Alto(帕洛阿托)，18位自由软件运动领袖召开了“自由软件高层会议”，Tim O’Reilly主持会议，会上确认了由Chris Peterson提出的“Open Sourse”概念，通过了传播开源的必要性的议题。次日，Linus Torvalds支持会议决议并给予非常重要的版权许可说明。参加会议的18人被认为是开源的创始人。

参加Palo Alto会议的有Tim O’Reilly，Brian Behlendorf，Larry Augustin，Michael Tiemann，John“Maddog”Hall，Linus Torvalds以及Todd Anderson，

Chris Peterson，Sam Ockman，Eric Raymond，Larry Wall，Guido V anRossum，Phil Zimmermann，Paulvixie 等 18 人。

开源创始人 Tim O'Reilly 与陆首群

Brian Behlendorf（Apache 基金会创始人、开源创始人）与陆首群

Linus Torvalds（Linux 创始人、开源创始人）与陆首群

Larry Augustin，著名开源社区 Source Forge 创始人、CRM 开源企业 CEO、开源创始人

Michael Tiemann，OSI 前主席、开源创始人

John “Maddog” Hall，LPI 主席、开源创始人

7. 开源已成为软件的主流

据著名的 IT 调查分析公司 Gartner 提供的数据：到 2015 年，85% 的商业软件会使用开源软件，到 2016 年，95% 的主流 IT 企业（或组织）会直接（或间接）在其“关键任务系统（Mission Critical System）”中使用开源软件。开源已成为互联网、云计算、大数据、人工智能及其他深度信息技术平台上的主流技术和系统选择。据 5 000 多个开源网站的统计，2012 年全年收发了 1 000 多亿行源代码，容量约为 0.1PB；在阿里巴巴电子商务平台上，在伦敦、纽约、东京等证交所中，几千亿、几万亿美元的交易都是在开源的平台上完成的；Linux 占超级计算机中 92% 的软件配置。开源与创新 2.0，理念相通（创新、开放、自由、共享、协同、民主化、绿色），创新形态相近（以人为本，面向用户，服务为先，具有开放创新、大众创新、万众创新、协同创新、合作创新、社区创新、用户创新等显著特点），在理念、技术、体制机制或管理上是互动的，可以互相借鉴、互为典范（互联网与深度信息技术一般均基于开源而发展，所以开源通常还作为创新 2.0 的技术基础）。

8. 开源是创新的捷径

开源的开发创新站在全球开源巨人的肩膀上，在其现有的创新成果基础上进行的创新接力赛。开源社区允许新的开发者自由访问，将现有开发资源的门槛降到几乎为零，无偿向新的开发者提供开源技术基因、工具链和框架资源。

9. 开源使企业引入外部创新成果

企业从传统封闭式的创新模式中走出来，可以利用开源提供的机遇，通过开放、整合企业外部资源来提高企业的综合创新能力。据 Linux 基金会提供的资料，目前世界排名前 10 的 IT 公司，当其开发产品和服务时，有 80% 的软件创新成果来自企业外部的开源软件（企业内部自创的成果只占 20%）。为此，企业创新的体制、机制和管理方式需做相应的调整或变化。

10. 开源对众多商业专利有免疫性

开源软件问世 20 多年，至今已发展成为软件应用的主流，开源对众多商业专利具有免疫性。几年前微软 CEO Steve Ballmer 曾公开声称，开源侵犯大量微软专利，当时自由软件基金会首席律师 Eben Moglen 为此回复微软：微软今天如果还想上互联网，我们就有充分条件来反制微软。随后微软资深副总裁和首席法律顾问先后出来声明，表示 Ballmer 说微软要起诉开源侵犯微软专利完全是个误会，这场风波至此告终。

11. 开源的操作系统

操作系统的功能是管理计算机系统的硬件、软件及数据资源，控制程序运行，改善人机界面，为其他应用软件提供支持。

以智能手机为例，开源操作系统在全球市场占比高达 80%，在中国市场占比更高达 86%。无论是全球还是中国市场，智能手机所搭载的开源操作系统占绝对优势，这也说明开源操作系统在移动设备市场上具有旺盛的生命力。苹果 iPhone 智能手机搭载的 iOS 操作系统是闭源系统（或称专有软件操作系统），在开源浪潮冲击下，近年来 iOS 吸收了 150 万行 Linux 代码（约占整个 iOS 的 10%）。2012 年，苹果公司还花大量现金购买了 Linux 的一个打印系统，并取得开源许可证 GPL 授权。

20 多年来，Linux 取得了巨大发展，但 Linux 操作系统在桌面（PC）领域的市场占有率尚低（Linus 也承认这点）。目前国内自主开发的桌面操作系统正在突破。自主开发操作系统是为了做到安全可控（自主开发其实称为自主协同开发更合适）。为了提高开发效率，以基于开源的开发模式为好。开发操作系统，不但要开发操作系统本身，更要建立生态系统（建立应用级 API+应用软件的生态，并建立内核及 DPI+ 硬件的生态）。最近我参加鉴定活动，发现由清华大学开发的一例开源的桌面操作系统 OPENTHOS，具有新的开发思路。

① 把以 ARMCPU 移动架构为主的 Android 操作系统进行移植和改进，形成以 x86 桌面架构为主的操作系统；对于基于 ARMCPU 的 Android 应用程序，通过动态翻译使之能在 x86 桌面架构下的操作系统上顺利运行。

② 由于 OPENTHOS 扩展了多窗口界面框架，可充分利用桌面大屏幕环

境，实现面向生产力和办公的应用场景。

③ 在 Android 应用程序和 Linux 图形应用程序间建立互操作通道，使得二者可在一个用户界面上执行和互操作。如果说①和②的适配率可达 70%，则③的 30% 的适配率可做补充。如果③的开发有一定难度，可首先收获"① + ② + 定制"的阶段成果。

* 移植可以，但要守则

开发开源的操作系统时，允许开发者自由下载、复制、修改、使用、再发布别人已发布的开源软件，但必须遵循开源许可证的规定，不致中断或破坏别人已发布的开源软件的自由传播特征。

* 测试技术

开发开源操作系统依赖于测试，操作系统的定型（生产）最终要通过型式试验的鉴定，通过权威智能手机评测机构的评测。

* 维护升级团队

维护与开发同等重要。要建立操作系统维护服务团队，负责运行过程中的检错、纠错、打补丁等维护工作和升级改版工作。

* 商业模式

开源操作系统软件像其他开源软件一样一般是免费提供给用户的，为了保证其持续大量发行，就必须建立商业模式。开源的商业模式一般是服务或捆绑提成模式，即软件免费，服务收费，或与网络、硬件、广告业务捆绑合作时，从捆绑对象的销售收入中提成。

（2015 年 1 月 8 日）

2.8 开源经济

在经济学中，边际成本是指每一单位新增生产的商品带来的总成本的增量。具有协同共享共有基本特征的开源经济将推动零边际成本社会的实现。开源经济包括开源软件与信息服务业（经济）、共享经济、创客经济（基于开源硬件+开源软件)，以及零边际成本社会（经济），开源经济是新经济的重要组成部分。《第三次工业革命》的作者 Jeremy Rifkin 说开源经济是一种具有协同共享共有模式的新经济范式。在其新著《零边际成本社会》中，他再次确认开源经济是一种由市场经济转型的新经济范式。Rifkin 甚至大胆预言："零边际成本社会的到来是大势所趋，将成为资本主义淡出世界舞台的开端。"他又说开源经济不会取代市场经济，两者将以共存形式形成一种混合经济。我认为 Rifkin 后面的这段话更为现实，同时我想消除人们的疑惑或误解：如果零边际成本模式真的到来，那么那些投资者和企业家是否无法收回前期投入的成本？工程师和劳动者是否会失去创新的热情和动力？一些知名度很高的开源项目是否也很难建立利益回报？ Brian Behlendorf 在联合国"信息社会世界峰会"讲演中曾指出，开源既含共产主义因素也含资本主义因素，既是公益的也是商业的及个人爱好的，而且还是学术的。里夫金在他的著作中只谈开源的协同共享共有的核心价值和零边际成本效应，未谈到开源的商业模式。如果没有商业模式的结合或匹配，开源是难以发挥其价值的，零边际成本也难以成立（当然他也谈到开源经济与市场经济共存的混合经济）。谈这些或许有助于大家理解 Rifkin 的新书的内容并能消除一些误解。我曾制表对比两种经济范式，摘录见下表。

市场经济 VS 开源经济

经济模式	市场经济	开源经济
经济活动类型	市场交易	协同共享（共有）
经济主体状态	生产者、消费者分工	产消者一体化 （在互联网上，消费者是生产者，生产者也是消费者）
价值取向	交换价值	共享价值
权限	所有权	使用权
基础	专有（私有）	开源
发展驱动力	生产要素驱动 （正在进行供应侧改革）	创新驱动（互联网+创新 2.0）
激励机制	物质刺激	创新民主化
成本	产业链累加成本	零边际成本

下面摘引 Jeremy Rifkin 的若干论点，与表“市场经济 VS 开源经济”对照。他认为，协同共享共有是一种新的经济活动模式；数十亿人既是生产者也是消费者（叫产消者）；在互联网上共享能源、信息和实物；所有权被使用权代替；人类进入“开源经济”新纪元。

（2015 年 5 月 15 日）

2.9 现代创新引擎：互联网 + 基于知识社会的创新 2.0㊀

现在的问题是，如何促使在目前现实的工业社会中的“传统业态”实行“业态转型”或“业态提升”。我们可在工业社会这个几乎无限的空间中划出一个用以考察的有限的物理空间，在物理空间中考察“业态转型”，这个物理空间（Physical Space）简称“物空”或“实空”或 P 空间。传统业态是什么？传统业态指传统工业业态，可分为生产、经济、社会 3 种业态。传统的生产业态指工业生产方式（或工业产品、工业系统），传统的经济业态指工业经济或市场经济，而工业城市可看成一种传统的社会业态。

只有创新动能才能促使“业态转型”，而只有采用比“工业社会”高出一个时代差的“高阶社会”中的创新动能，才能促使“传统业态”实现“0 → 1”的颠覆性转型。什么是高阶社会？相对于工业社会而言，高阶社会指信息社会或知识社会。但在目前的现实世界中，总体上尚不存在信息社会或知识社会，我们只能构建一个虚拟化的“数字网络空间”，在其中映射知识社会的场景，这个数字网络空间（Cyber Space）简称“数空”或“虚空”或 C 空间。

以创新促业态转型的机制如下所述。我们在虚空（C 空间）中架构以现代互联网（≥ Web 2.0）为载体，以信息、知识为资源（高于工业社会较低层次的人力、自然资源），以深度信息技术（云、物、社、移、大、智、区、5G、AR/VR、量……）和适配的先进管理为作用力，由其中的互联网载体 + 知

㊀ 本文是陆群教授于 2015 年 10 月 11 日在“开源与创新论坛”上的演讲内容。

识资源 + 信息技术 + 适配管理综合构成的创新动能，驱动“传统业态”实现“0 → 1”的转型。其操作程序为，将“虚空”与“物空”对接，在经历碰撞、交互、融合过程后，以“虚空”中的创新动能作用于“物空”中的“传统业态”，催生其“0 → 1”的转型，以重构新业态（如智能生产方式，或新经济 / 数字经济，或智慧城市，这里的新经济指工业经济向数字经济转型时的过渡经济形态）。上述机制可概括为“互联网 + 创新 2.0+ 传统业态”以重构新业态。

基于知识社会的创新 2.0 是基于工业社会的创新 1.0 的升级版。

如上所述，虽然我们谈的是“ P+C”二元空间，但在贯彻“互联网 + 创新 2.0”时要以人（Human，H）为本，H 包括人和人的关系与互动，以及人和物的关系，如此说来应是“ P+C+H”融合互动的三元空间。采用“互联网 + 基于知识社会的创新 2.0”在三元空间中互动、融合、促进、创新。

“互联网 + 创新 2.0”与德国在 2011 年提出的“工业（制造）4.0（战略）”及美国（GE 公司）于 2013 年提出的“工业互联网”，任务相同、机制相通，但“工业 4.0”侧重于智能制造（智能产品、智能工厂、智能制造），“工业互联网”侧重于重构智能化的工业体系（数字化、网络化、智能化的工业体系），而“互联网 + 创新 2.0”则机制更强，涉及面更宽、创新力度更大。

（2015 年 10 月 11 日）

2.10 共享经济

共享经济是综合体模式，包括租赁、易物、借贷、赠送、交换、合伙等形式。过去我曾举出一些主要的共享经济模式：①云计算模式；②互联网平台共享模式；③硅谷 1099 模式；④应需临工模式；⑤能源共享模式；⑥金融领域的众筹、P2P 等共享应用模式。共享经济是建立在“互联网＋创新 2.0”的创新轨道上的（不要降低创新门槛，避免造成日本人所说的“不具有从 0 诞生 1 的能力”的“八宝粥”现象），在国内发展共享经济时要与“大众创业、万众创新”的创客活动进行良性互动。归纳起来，共享经济的特点为使用权高于所有权或支配权，使用比拥有更有价值，即打破商品或服务的生产者和消费者的分工界限，出现产消一体化的产消者角色。

流行商品模式以租代买，即共享平台向交易双方提供认证、撮合、评价、交易、服务的功能，本身不参与商品或服务的直接交易。

生产经营组织结构的内部关系产生变化，即社会主义的社会管理层与劳工层关系产生变化，资本主义的社会雇佣关系产生变化，并形成商业伙伴关系。

（2015 年 11 月 4 日）

2.11 UNIX 和中国

1991—1992 年，AT&T-USG 与中国合作，美方将最新开发的 UNIX 版本——UNIX SVR4.2 源代码向中方开放（除他们自己保留源代码外，中国是全球获得源代码的第二个国家），中方汇聚全国软件专家、程序员共 200 多人，翻译、编辑、推出了 UNIX SVR4.2 中文版本，并于 1992 年 12 月与 USG 合资成立了中国 UNIX 公司。因此我们对 UNIX 版本的内涵和特点及其历史变迁有深刻的体验，对 UNIX 操作系统及后来由其演变的 Linux、BSD、iOS 操作系统推动中国计算机和软件产业的发展及软件人才的培养所具有的意义有十分清晰的认识。

1969 年，AT&T-BellLabs 的研究员 Ken Thompson 开始编写 UNIX（他在一台 PDP-7[㊀] 上用汇编语言编写，1970 年，研究员 Dennis Ritchie 改用 B 语言编写），UNIX 的是 1970 年定名的。UNIX 的名字来源于：UNiplexed

㊀ PDP-7 是迪吉多公司研发的一款 18 位小型计算机。

Information and Computing System，即 UNICS=UNIX。1970 年被定为 UNIX 元年。1973 年，Dennis Ritchie 用高级语言——C 语言重写了 UNIX。1969—1977 年，UNIX 相继推出了 v1 ~ v6 版本，这段时间的 UNIX 向社会开放源代码（早于 1998 年在加利福尼亚州 Palo Alto 会议上首先提出开源（Open Source）这个概念之前），我称这时的 UNIX 为“前 UNIX”。

从 UNIX 的发展历史看：

1）UNIX 可分为“前 UNIX”和“后 UNIX”两个不同的发展阶段。1969—1976 年为“前 UNIX”，这一时期的 UNIX 或叫 AT&T-UNIX 向社会开放源代码，是开源的；1977 年至今为“后 UNIX”，AT&T 公司将 UNIX 私有化，这一时期的 UNIX（或 AT&T-UNIX）是闭源的，即其源代码是不开放的。

2）自 1977 年始（即自 AT&T-UNIX 实行私有化开始），UNIX 开始分支，分为 AT&T-UNIX 和 BSD-UNIX，前者是闭源的，后者是开源的。1990 年，美国法院将 UNIX 的商标权判给 AT&T 公司，从此 AT&T-UNTX 商业版成为 UNIX 主流，而由加州大学伯克利分校推出的 BSD-UNIX 版本变成 UNIX 的非主流版本，即此时伯克利推出了不包括任何 AT&T-UNIX 源代码的 BSD 版本（自 4.4BSD-UNIX 版本开始）。此时 UNIX 区分为 UNIX（即 AT&T-UNIX）和 BSD（即 BSD-UNIX，从此时开始只叫 BSD，不再叫 BSD-UNIX）两种，前者是私有、闭源、商业化的，后者是共享、开源的。目前流行的 BSD 操作系统主要有 6 个，其中 4 个是开源的，包括 386BSD、FreeBSD、NetBSD、OpenBSD；2 个是商业产品，包括 BSD/OS 和 Macos-X。

3）自 1977—1983 年后，各家 UNIX 商业公司先后推出了各种 UNIX 变种，如 SunOS、IBM AIX、HP-UX、DEC Ultrix、微软与 SCOXenix、SunSolaris 等，这些 UNIX 变种均是基于“前 UNIX”（开源）派生发展的，而其他 UNIX 变种大多是闭源的商业版。

4）1987 年，出于教学目的，Andrew S.Tanenbaum 编写了一个基于

"前 UNIX"（开源）和 4.3BSD（开源）的开放源代码操作系统 Minix，Linux 是基于 Minix 发展起来的（1991 年，Linus Torvalds 开发并发布了开放源代码操作系统 Linux 0.01，Richard Stallman 也称之为 GNU Linux）。苹果公司的 iOS 操作系统源自 BSD 及"前 UNIX"（BSD 也源自"前 UNIX"），但 iOS 是闭源的。

5）自由软件基金会创始人 Richard Stallman 支持开源的"前 UNIX"，他在 1985 年发布了《GNU 宣言》，随着 GNU Emacs（编辑器）的发布，越来越多的 UNIX 开发人员开始使用 GNU 软件。GNU、Linux、iOS、Open Source 均源自 UNIX，也可以说 UNIX 对 GNU、Linux、iOS、Open Source 影响深远，此处的 UNIX 指"前 UNIX"。

6）2016 年，在我与开源促进会（Open Source Initiative，OSI）前主席 Michael Tiemann 的通信讨论中，他提出"开源和自由软件共同终结了私有的 UNIX 系统"，此处他把 UNIX 作为开源和自由软件的对立面，此处的 UNIX 指"后 UNIX"。他又说："开源和自由软件的框架与所谓开放系统（如 Sun 公司过去推销的）和开放软件（如其他 UNIX 厂商的商业化 UNIX 变种）的错误前提是对立的"，这里他选择各家 UNIX 商业公司推出的各种 UNIX 商业化变种作为开源和自由软件的对立面。最后他说："开源和自由软件是以共同反对（VS）UNIX 起家的……开源和自由软件共同终结了私有的 UNIX 系统"，他在这里提到的 UNIX 自然是"后 UNIX"，即私有的、商品化的 UNIX。

7）1991 年，AT&T-USG 与中国合作，中方负责人为张可治（筹集资金）、我和杨天行。我们组织了 UNIX 新版本编辑委员会，由杨芙清、胡道元、仲萃豪、刘锦德、尤晋元、贾耀良、孙玉芳等国内资深软件专家领衔，并邀集全国软件专家、程序员 200 多人，翻译、编辑、出版了 UNIX SVR4.2 中文版本。1992 年 12 月，中方与 USG 合资成立了中国 UNIX 公司，由 AT&T-USG 的 James Clark（USG 亚太区总经理）任董事长，张可治（得实集团董事长）任副董事长，贾耀良（中软公司）任总经理。

我们共编辑出版了 UNIX SVR4.2 最新版本中文版 19 册，在人民大会堂召开首发式，向全国各大图书馆、各高等院校赠书。

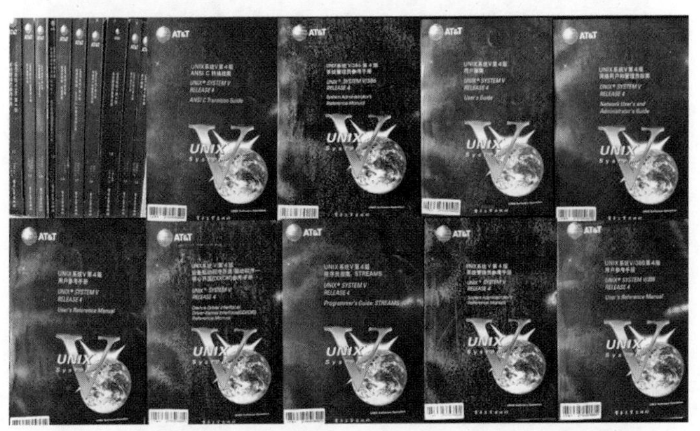

UNIX SVR4.2 中文版（共 19 册）

几年以后，SCO 公司的 CEO、CFO 及其聘用的律师两度来华找我，拟与中方联手状告所谓 IBM 剽窃 UNIX 源代码案，当时被我拒绝（这个由 SCO 发起的世纪诉讼大案，以 SCO 败诉告终，没有多久 SCO 就破产了）。

1991 年在大连举办的“UNIX 与中国”国际学术研讨会会场（一）

1991 年在大连举办的“UNIX 与中国”国际学术研讨会会场（二）

AT&T-USG 集团亚太地区总裁 James Clark（左二）与中方代表张可治（右一）、陆首群（右二）、杨天行（左一）

（2016 年 4 月 1 日）

2.12 积极投入开源大发展洪流[⊖]

开源（Open Source）软件是 1998 年 2 月 3 日提出的概念，是开放源代码并遵循开源许可证进行自由传播的软件。所谓自由传播，是指可以自由发布、自由复制、自由修改、自由使用。不同的开源许可证规定不同的开源软

⊖ 陆首群教授根据与开放源代码促进会（Open Source Initiative，OSI）前主席 Michael Tiemann 互通的信件内容，形成并分享题为《积极投入开源大发展洪流》的报告。

件具有不同的自由度。自由软件（Free Software）具有最大的自由度。开源软件一般是有商业模式的，而自由软件一般没有商业模式（或没有确定的商业模式）。自由软件和开源软件的区别，实际体现在其许可证对权利义务规定的严紧和宽松程度不同上。具体来说，符合自由软件许可证的自由软件，其源代码在修改时只能按本许可证实行再许可（不能以其他许可证实行再许可），而符合开源软件许可证的开源软件，其源代码在修改时允许以不同于本许可证的其他许可方式实行再许可。这也说明了开源软件的实用性较之自由软件更强。

自由软件创始人 Richard Stallman 为对抗私有或专有软件潮流，写出了《GNU 宣言》（1985 年发表），开启了 GNU 计划，把 GNU 系统开发成一个吸引黑客社区自由参加的自由系统，开始时把 GNU 做成与 UNIX 兼容、可移植的系统。GNU 系统中包含 UNIX 软件（也有非 UNIX 软件），除 GNU 自由软件外，还包含一些用户开发的非 GNU 自由软件。GNU（GNU's Not UNIX），即非 UNIX，通过开发不受约束的操作系统、应用程序及编程工具，来推广自由软件模式。同时 GNU 建立了通用公共许可证（General Public License，GPL），提出了左版（Copyleft）模式，作为自由软件的发行原则。开源与自由软件本是同根生，都具有自由、开放、共享、协同的理念和原则，我们习惯于把它们称作“自由 / 开源软件”，将两者看作一体，通常两者不能分离，不能把两者对立起来。1984 年 10 月，Stallman 创立了“自由软件基金会（FSF）”，自由软件基金会一直从事 GNU 系统编写工作，开始时曾花力量开发 GNU 操作系统的内核 Hurd。

由于种种原因，Hurd 的开发没有完成，GNU 系统的编写工作也功亏一篑。1991 年，Linus Torvalds 开发了 Linux 操作系统，将 Linux 在 GNUGPL 下发布，这样自由软件基金会就用 Linux 置换未成熟的 Hurd 作为 GNU 操作系统的内核，并使之成为一个完整的、可运行的操作系统，Stallman 称之为 GNU Linux，但 Linus 更愿称之为 Linux，以致 Eric Raymond（OSI 联合创始人之一）在其名为《大教堂与集市》的著作中谈到：

Linux 的开发者与 GNU/Linux 开发者之间似乎存在一条代沟。有人说 UNIX 是 GNU、Linux 的源头，这是指首次实行向社会开放源码的"前 UNIX"(1969—1977 年)，也有人说 Linux、GNU（即 FLOSS）是对抗 UNIX 的，这是指实行了私有化的"后 UNIX"(1977 年至今，不包括已分裂出去并成为非主流开源的 BSD)。1998 年 2 月 3 日在加利福尼亚州 Palo Alto 的一次战略会议上，Chris Peterson 首次提出了开放源码（Open Source）的概念，出席这次会议的有 Todd Anderson、Chris Peterson、John "Maddog" Hall、Larry Augustin、Sam Ockman 及 Eric Raymond 等（Michael Tieman 给我写信说，他也是参加 Palo Alto 会议的人员，也是开源的创始人，不要把他遗忘了)。次日，开源获得 Linus Torvalds 的支持并得到了非常重要的版权许可说明，Bruce Perens 发起建立了 www.OpenSource.org 网站。1998 年 4 月 7 日，Tim O'Reilly 主持的"Freeware 高层会议"通过了传播开源的必要性的议题，参加会议的有 Larry Wall、Brian Behlendorf、Linus Torvalds、Guido Van Rossum、Eric Allman、Phil Zimmermann、Eric Raymond、Paul Vixie 等 18 人。如上所述，开源的概念是 1998 年提出来的，但"前 UNIX"早在 1970 年（UNIX 元年）便实行了开源。

1998 年 4 月，Open Source 和 Free Software 由于学术和某些观念的差异爆发了一场争论，最终 Open Source 占了上风。Stallman 开始是支持 Open Source 的，后来变成了 Open Source 的反对者（纵然如此，我们也很尊重 Stallman 及其对 Free Soft Ware 的贡献)。今天的 Open Source 也包括 Free Software 的东西，如 GCC、GNOME 及很多 Toolkit，而 Linux（GPL-2）都是 Free Software（Linus 更愿把 Linux 称为 Open Source)，一般开源和自由软件可看成一体的，两者都是成功的。

开源文化具有"创新、开放、自由、共享、协同、绿色、民主化"等价值取向和重要特征，即以创新为发展基础，具有开放（开放标准、开放环境、开放源码)、自由（自由发布、自由传播、自由复制、自由修改、自由使用)、共享（共享资源)、协同（协同开发、协同作业、协作生产)、绿色（支持绿色可再生能源、绿色环境和零边际成本效应）、民主化（在新兴协同共享中，创新和创造力的民主化正在孵化一种新的激励机制，这种机制很少基于经济回报，而更多地基于推动人类的经济生活方式，缩小收入差距，实现全球民主化）的特征。

开源社区的开发机制是，开放环境、分布格局、社区组织、自由参与、大众开发、协同创新、资源共享、民主讨论、测试认证、对等评估、维护升级。

今天，开源已成为软件的主流。据 Gartner 预测，到 2015 年，85% 的商业软件会使用开源软件；到 2016 年，95% 的主流 IT 企业或组织将直接或间接在其“关键任务系统（Mission Critical System）”方案中使用开源软件。

开源已成为促进我国经济转型的新经济（开源经济、共享经济、互联网经济、创客经济等）的技术基础，具有协同共享基本特征的开源经济将是未来新经济的主力。其实共享经济、创客经济也可看成开源经济的重要组成部分。十八届五中全会明确提出中国要发展分享经济，发展作为中产阶级经济基础的共享经济也成为如今美国总统竞选辩论的焦点。共享经济是使商品、服务、数据、资源、人才、体验等具有分享机制的经济社会体系，或是利用“互联网 + 创新 2.0”平台整合、共享海量且分散的过剩或闲置资源以满足用户多样化需求的经济模式。共享模式的实质是产权革命，使用权高于支配权（所有权），使用而不占有，以租代买。我过去曾列出几个共享经济模式：**①云计算模式；②互联网企业平台经营模式（如阿里巴巴、滴滴、Facebook、Airbnb、微信等）；③硅谷 1099 模式（雇用上千名专业人员）；④应需临工模式或随叫（On Demand）模式；⑤绿色共享模式（能源、环境）；⑥金融领域的股权众筹、P2P 等。**

COPU 智囊团顾问、开源先驱 John “Maddog” Hall 参加 2015 年深圳国际创客周活动，他设计的由 6 台香蕉派（BananaPro，配置华为 64 位 Kirin950 八核芯片）组成的开源微型高级计算机（Mini Cloud Server），装于一个手提箱内，可用于 HPC 计算、HA 计算、异构计算、异构系统管理（包含 RAID）。

创客经济的技术基础是开源硬件 + 开源软件。北京、深圳、上海，甚至全国各地都正在掀起一波又一波以“大众创业、万众创新”为特点的创客活动高潮，他们采用 ArduinoUno、BeagleBone、树莓派（RaspberryPi）、香蕉派（BananaPro）、WRTnode、Edison（Intel）、96Board（乐美客 Hikey）等由开源硬件开发板构成的通用计算平台，并在其上搭载相关开源软件，从而开发了 3D 打印机、无人机、机器人、智能设备、物联网传感器、微服务器、微高算、可穿戴设备、遥控家居电子系统、魔豆、各种设备交互系统、可再生能源、智能路由器、智能插座以及温、湿、空气监控器，嵌入式系统，异构系统管理，水培花园，番茄花园监测等。开源是创新的基础，是“互联网 + 创新 2.0”模式跨时代、强有力的创新引擎的基础或优选项。开源与互联网理念相通，互联网是基于开源的理念、技术、应用和系统建立起来的，没有开源文化就不会有现代互联网。开源已成为深度信息领域的主流技术和系统选择，大数据的应用平台 Hadoop、Spark、Storm 等均是基于开源技术的，人工智能的发展瓶颈要靠开源来突破。举例来说，2015 年，美国人工智能四大研发巨头先后宣布将人工智能的平台、框架、引擎和工具包实行开源：Facebook 将一组基于 Torch 的深度学习工具开源；Google 将其全新的神经网络、深度学习引擎 Tensor Flow 开源；微软将其机器学习工具包——分布式学习工具 DMTK 开源；IBM 将其机器学习平台 SystemML 开源。开源将有利于加快人工智能的研发速度，挑错改错，打补丁，突破研发瓶颈。

开源是创新的捷径。目前在全球排名前 10 的 IT 企业，当其开发新产品和新服务时，80% 的创新成果可由企业外部的开源资源在企业外开发，而靠企业内部资源开发的创新成果只占 20%。

关键是人才，当务之急是培育、凝聚、使用开源人才。

近年来，由于信息化在国内的深化和发展，以深度信息技术（云、物、社、移、大、智）为核心的新时代创新引擎“互联网 + 创新 2.0”获得了越来越广泛的应用，从而加快了传统产业、传统生产方式、工业城市向新兴产业、智能生产方式、智慧城市重构的步伐。中国大地上掀起了“大众创业、万众创新”的规模宏大的“创客潮”，大幅促进了新增就业，加速了新经济成长，加快了生产方式的结构调整（2016 年有 750 万个新增企业完成注册登记）。开源通常是深度信息技术和创客创新的技术基础，这样的时代背景促进了开源大发展。2016 年全球最热门的 10 家大数据公司中，中国占 3 席，即阿里云、Growing、海致。阿里云进入了 2016 年全球云计算（公有云）三甲，排在它前面的是亚马逊 AWS、微软 Azure。2016 年全球人工智能企业排名，百度升至第 3，前三位分别是 Google、微软、百度。2016 年全球超级计算机 Top 10 中，中国的神威·太湖之光、天河二号居第一、第二位。电子商务在线交易额排名，阿里天猫平台居全球首位。全球互联网企业 Top 10 中，中国占 3 席，即阿里巴巴、腾讯、百度。大疆民用无人机销量居全球首位。中国智能制造战略规划“制造 2025”在顺利推进中，智慧城市试点在加快实施中。在智能手机领域，华为、小米、OPPO、中兴等一批企业正在挑战苹果、三星。上述产品、系统和技术均以开源打底。Linux 基金会开发跨平台的 IoTOS，即 Zephyr。中科创达（作为创始成员）联合研华、英研、Canonical、Linaro 等 9 家企业成立嵌入式 Linux 和 Android 联盟，期望建立 Linux 和 Android 的软硬件架构及产业生态体系，以加速 Linux 和 Android 在嵌入式和工业物联网及其应用上的发展。一直是难题的 Linux/OSS 桌面（PC）操作系统的开发也出现曙光。一批开源社区和企业已进入成熟期，对 Linux/OSS 从索取到贡献，从跟踪、模仿到自主、协同发展。一批应用领域或市场，如智能终端设备市场、数字图书系统、互联网、国家电网、邮政网、新经济领域、深度信息技术应用领域等，已是 Linux/OSS 的天下（或占主导）。

（2016 年 5 月 20 日）

2.13 开源（Linux/OSS）在中国的发展

开源（Open Source）的概念是由自由软件阵营中的一群著名的黑客于1998年2月3日在美国加利福尼亚州Palo Alto的一次会议上提出来的。事实上“前UNIX”早在1970年（UNIX元年）便已实现了开源。1991年，Linus Torvalds开发了Linux操作系统，这就为推动开源（Linux/OSS）的发展提供了重要的技术资源。1991—1992年，国内与AT&T-USG合作，在其向中国开放UNIX源代码的授权下，双方合作开发、翻译、推出了UNIX SVR4.2操作系统中文版本。随后，在20世纪90年代末，中科红旗、中软股份、冲浪科技，在剪裁、复制、修改Fedora/Red Hat Linux发行版的基础上分别推出了Linux中文版，共创开源（公司）也于2001年创建，1999年，中国官方表态支持Linux/OSS在国内发展。这些都标志着Linux/OSS开始进入中国，在中国开始了二次开发和应用推广，而各方支持也给予早期Linux/OSS在国内的发展以很大的推动力。

从此，以Linux/OSS为代表的自由软件和开放源码运动在世界范围内，也在中国得到推广和传播，Linux及运行在其上的众多软件的出色表现，不仅反映了自由软件和开放源码作为一种开发模式的巨大动力，也越来越显露出其作为一种商业模式的巨大潜力。它对现行的版权制度提出了挑战。开源的理念为越来越多的人所接受，为国内软件产业的发展带来了机遇。当然，开源软件给项目开发组织、企业的商业运作及知识产权的保护也带来了新的挑战。

近20年来，Linux/OSS在全球范围内飞速发展。如今，在软件已经可以定义网络、定义硬件、定义世界的时代，开源软件也成为推动软件发展的重要机遇，已成为软件的主流。全球380万名开源社区的开发者参与各种开源项目的开发，超过310亿行代码贡献给开源软件。全球92%的计算机采用Linux平台，在全球排名前100名的网站中，75%使用开源软件Web服务器（Apache和Nginx），全球证券交易所中有90%是用Linux系统的，70%

的移动装置搭载 Linux/OSS（Andriod）操作系统，99% 的超级计算机采用 Linux/OSS 操作系统，Linux/OSS 嵌入式实时系统占比高达 40%，90% 以上的云计算（主要是私有云）运行在开源软件架构（如 Open Stack 等）上，80% 以上的商业软件解决方案采用开源软件。顺便指出，当前世界上最大的无人机公司也采用开源软件。在 PC 桌面系统领域，Linux/OSS 占比较低，但近年已出现突破的曙光。2014 年，Linux 内核中开发了 1 800 万行代码，其中 3/4 是瞄准物联网（IoT）架构的，IoT 是今后的热点，形势的发展要求 Linux“瘦身”创新，开发小型化、实时特性、响应快的 IoT Linux（并期望能扩展到跨平台），Linux 正是应潮流而上，开发了 Zephyr IoT 操作系统。

近年来，Linux/OSS 在国内发展很快，随着深度信息技术（云、物、社、移、大、智等）带动了作为其基础技术的 Linux/OSS 的发展，开源已成为互联网、云计算、大数据、人工智能及其他深度信息技术平台的主流技术和系统选择。以公有云的规模来说，阿里云已位于全球云计算公司第 3 位，2016 年全球最热门的 10 家大数据公司中，中国在其中占 3 席。以人工智能的研发深度和成果来看，百度已晋升全球第 3 位。深度信息技术的系统构成，通常基于 Linux/OSS。随着新经济的发展，“大众创业、万众创新”的创客潮也呼唤着开源。必须指出“双创”方向是正确的，平均每天有 4 万个企业（市场主体）进行登记，在 2013—2016 年这 4 年间解决了 5 000 多万劳动力就业，参加“双创”的中小微企业有很强的生命力，现在大企业也参加“双创”。电子商务平台淘宝网（每天处理约 4 000 万个订单，平均交易额为 90 亿元）采用的底层软件（操作系统等）大多是开源软件，网约车 App 的底层软件也是开源的，电力系统（特别是国家智能电网，100% 是开源操作系统，其中 2/3 为凝思安全操作系统，1/3 为麒麟操作系统）、数字图书系统、邮政系统、互联网、电信网、教育系统、航天、新经济部门均广泛采用 Linux/OSS 软件，金融系统及国民经济中的“关键任务系统（Mission Critical System）”使用开源软件的也愈来愈多。完全开源的解决方案 LAMP（Linux、Apache、

MySQL、PHP 编程语言）有很大发展，据统计，在中文网站 500 强中，采用 LAMP 解决方案的有 394 家，约占 80%。另外，开源与闭源结合的混源解决方案也有一定市场。

（2017 年 3 月 5 日）

2.14 什么是新经济

我之前谈到“新经济的概念最早出现于 20 世纪 90 年代”“至今国际上还没有一个普遍接受的、通用的、统一的关于新经济的基本概念”。

什么是新经济？新经济可看成由工业经济向数字经济过渡的经济形态。有人泛泛而谈：新经济是以信息革命为背景，以经济全球化为目标，以数字技术为基础，以知识资源为依托的经济形态。

当前，新经济一般由互联网经济（如互联网平台经济、电子商务）和开源经济（包括共享经济、创客经济）构成。

共享经济是商业、服务、数据、资源、人才、体验等具有共享机制的经济社会体系。共享经济是以“开放、共享、协同”为主要特征的开源经济的重要组成部分，租赁经济、互联网平台经济、网约车经济都属于共享经济，随叫经济（On Demand Economy）、零工经济（Gig Economy）、协作消费经济通常也是共享经济。

共享经济从物理上看，是共享过剩或闲置资源；从价值上看，是使用权高于所有权。共享模式的实质是产权革命，表现为产权裂变，把传统所有权分裂为支配权（物权中的“归属”）和使用权（物权中的“利用”）或分裂为所有权（仅保留支配权）和使用权（从所有权中分离），共享经济的价值是使用权高于所有权（使用而不占有）。从商业模式上看，流行的商业模式是以租代买，所有者不出售产品，而是向使用者收取服务月租费；从创新机制上看，是实行“互联网 + 创新 2.0”模式做到资源利用最优化。

（2015 年 5 月 10 日）

2.15 什么是数字经济[1]

数字经济是传统工业经济（市场经济）改革转型的方向。2015 年，我谈新经济时提到“数字经济”这个概念。我曾指出，当前新经济由互联网经济、开源经济（包括共享经济、创客经济等）和早期数字经济构成。新经济可看成由工业经济向数字经济过渡的形态。

加拿大人 Don Tapscott 于 1995 年发表了一篇文章《数字经济：网络智能时代的希望和危险》(*The Digital Economy: Promise and Peril In The Age of Networked Intelligence*)，他是全球率先提出“数字经济”这个时代性概念的人士之一。

不久前我曾指出，迄今国际上还没有一个关于数字经济普遍接受的、确切的、统一的定义。主要原因可能是推动经济数字化转型的机制和架构尚在提升之中，即互联网生态、深度信息技术体系、开源文化、现代创新引擎还在逐步完善之中，数字经济尚未完全成熟。

随着电子商务的兴起，有人将早期数字经济定义为“以数字技术作为经济活动标识的经济范式”或“以数据作为关键生产要素的经济范式”。

现在看来，中国作为东道主在 2016 年 9 月 20 日举办的 G20 峰会上对数字经济给出的定义，似乎在科学性、确切性方面迈出了一大步，这个定义是“数字经济指以使用数字化的知识和信息为关键生产要素、以现代信息网络为重要载体、以信息通信技术的有效使用为效率提升和经济结构优化的重要推动力的一系列经济活动”。如此看来，这个定义与我们对促进经济转型的现代化创新引擎“互联网 + 基于知识社会的创新 2.0”及其机制的阐述和定义，何其相似乃尔。

2016 年，G20 对数字经济的定义实际上是采用现代创新引擎“互联网 + 创新 2.0”改造传统经济，以重构数字经济，这属于智能型数字经济。

[1] 陆首群教授最早谈数字经济是他在中国开源软件推进联盟 2015 年 5 月 10 日举行的会议上的报告，之后在 2016 年 10 月 8 日进行了补充。2016—2019 年（第 11 届到第 14 届）“开源中国 开源世界”高峰论坛上，陆首群教授将“数字经济”作为会议主题进行讨论。

“第三次工业革命”的提出者 Jeremy Rifkin 认为，工业经济（市场经济）改革转型的方向应该是具有协同、共享特征的开源经济，这就提出了“数字经济与开源经济在未来经济转型发展中是什么关系”的问题。

开源是现代创新引擎“互联网 + 创新 2.0”的基础支撑，也是构建未来经济社会的重要基因。采用现代创新引擎“互联网 + 创新 2.0”改造传统经济以重构开源型数字经济，是推动传统经济向数字经济转型的重要途径。

结合传统经济的改革转型，兹将数字经济分成三类：

1）第一类数字经济，以数据作为关键生产要素，以数字技术作为经济活动的驱动力，具有数字化、网络化、全球化特征。

2）第二类数字经济，采用跨时代的现代创新引擎“互联网 + 创新 2.0”改造传统工业经济，重构智能型数字经济新业态，具有第一类数字经济特征 + 知识化、智能化特征，智能型数字经济是数字经济的高级形态。

3）第三类数字经济，采用跨时代的现代创新引擎“互联网 + 创新 2.0”改造传统工业经济，重构开源型数字经济新业态，具有第二类数字经济特征 + 开源化（协同共享）特征，开源型数字经济是数字经济的最高形态。

如此看来，传统工业经济（市场经济）向数字经济转型时表现为三大特点：

1）选择“新经济”作为经济转型的过渡经济形态；

2）数字经济呈梯次发展（生产要素数字化经济、智能型数字经济、开源型数字经济）；

3）数字经济与市场经济呈现共存互补态势。

归纳起来，我们可对数字经济作如下定义：

1）以数据作为关键生产要素，以数字技术作为其经济活动的标识，构成初级形态数字经济，具有数字化、网络化、全球化特征。

2）采用跨时代的现代创新引擎“互联网 + 基于知识社会创新 2.0”改革传统工业经济（市场经济），重构智能型数字经济（高级形态的数字经济），具有数字化、网络化、智能化、知识化、全球化特征。

3）采用跨时代的现代创新引擎“互联网 + 基于知识社会创新 2.0”改革

传统工业经济（市场经济），重构开源型数字经济（最高级形态的数字经济），具有数字化、网络化、智能化、知识化、开源化特征。

4）塑造开源型数字经济，在经济范式上促进市场经济转型为数字经济，在运行机制上由交易行为转向协同共享，在价值取向上创造不同于交换价值的共享价值，在产权归属上从资产所有权向使用权方向倾斜，在激励机制上由商业性的物质刺激转向表彰奉献精神。

5）数字经济与市场经济可以共存互补，而且共存互补是常态。我曾说过，利他主义（Altruism）或包含共产主义（Communism）因素的数字经济与利己主义（Egoism）或包含资本主义（Capitalism）因素的市场经济是可以共生共存互补的。

（2016 年 10 月 8 日）

2.16 推进中国的开源运动

开源（Open Source），人们通常认为是开源软件，我这里谈的开源不是单指开源软件，而是指开源运动，其中不仅包括开源软件，还包括开源的价值观、开源文化、开源技术、开源产业、开源教育、开源硬件、开源生态以及开源的商业模式。首先，我想简要谈谈开源与一般软件、开源与其商业模式的关系以及开源与当代 IT 领域的一些亮点的关系，即开源与互联网、深度信息技术、现代创新模式、新经济（或数字经济）的关系。

（1）开源软件与一般软件（私有或专用软件）的关系　十多年前，我曾在《人民日报》上发表一篇文章指出，开源是软件发展的机遇。十年后，世界知名的调查与分析公司 Gartner 认为，开源软件已成为软件的主流。

（2）开源软件与其商业模式的关系　十年前，开源创始人之一、Apache 基金会的创始人 Brian Behlendorf 曾对我说，开源是利他主义（Altruism）的，或者说是共产主义（Communism）的，专用（或私有）软件是利己主义（Egoism）的或者说是资本主义（Capitalism）的，而开源的商业模式是利己主义的。利他主义的开源与利己主义的商业模式结合在一起，才能对开源做出贡献。开源既含有共产主义的因素也含有资本主义的因素，既是商业的，也是公益的或个人爱好的，而且还是学术的。开源在自由和商业间做出了更好的平衡。

（3）开源与互联网的关系　开源与互联网理念相通，互联网是基于开源的理念、技术和应用建立起来的。没有开源文化就没有现代互联网。

（4）开源与深度信息技术的关系　在大多数场合，开源是深度信息技术的底层配置，这就是说深度信息技术是基于开源的。

（5）开源与创新的关系　开源是创新的基础，如今为了改造工业经济重构传统业态，必须采用"互联网 + 创新 2.0"这样跨时代、颠覆性的创新引擎，开源是该创新引擎的技术基础。

（6）开源与"双创"的关系　对"大众创业、万众创新"的"创客潮"来说，其技术基础是开源硬件 + 开源软件。

（7）开源与新经济的关系　新经济是由工业经济向数字经济过渡的经济形态，包括互联网经济、开源经济（含共享经济、创客经济）以及早期的数字经济等，新经济（及其未来的数字经济）的主要特征是开放、协同、共享，或数字化，这也是开源文化的主要特征，所以说开源无疑是新经济（或数字经济）的重要基因。

1. 开源的概念、理念、规则、机制和知识产权保护等问题

开源是遵循开源许可证的开放源代码程序并可自由传播的软件。所谓自由传播指可以自由发布、自由下载、自由复制、自由修改、自由再发布、自由使用，不同开源许可证规定了不同的自由度，只有将源代码翻译成计算机可识别的机器码，开源软件才能进行工作，开源软件自开发源代码（编程）始，到产品发布并应用，必须经历工程化处理、测试、鉴证、维护升级等环节，开源软件是有商业模式的（一般来说，开源软件免费"出售"，以服务或与其他产品捆绑提成形式出现的商业模式是要收费的）。

开源的基本理念或开源文化的特征是创新、开放、自由、共享、协同、民主、绿色，即要求开放环境、开放标准、开放源码、开放治理，可以自由

传播，实行资源共享，采取协同开发、协同作业、协作生产。在协同共享中，创新的民主化正在孵化一种新的激励机制，这种机制很少基于经济回报，更多基于推动社会福祉，它支持绿色可再生能源和绿色环境。

开源遵循的规则是以左版版权为基础的各种开源软件许可证，它是开源运动的目的和特征的集中体现，是规范开源软件开发、传播、应用、保护知识产权，以及发布、下载、复制、修改、使用、再发布的依据。开源软件在采用原创作品的源代码时，保留并不能删除、修改原创作品源码中的版权(右版)、专利权和商标声明，借以保护知识产权。

常用的许可证有 GPL、LGPL、BSD、麻省理工学院、Apache、Mozilla 等。立足于社区的开源开发机制是开放环境、分布格局、社区组织、开放治理、自由参与、大众开发、协同创新、资源共享、民主讨论、测试认证、对等评估、维护升级。

开源软件在开发时提供两种版本：一是社区版，其全部源代码是公开的，可以从网上免费下载；二是产品版或商业版，即在社区版上进行工程化处理，进行软件 - 软件及软件 - 硬件的适配、兼容性测试和质量认证，以及回归移植或升级处理（BugFix、Patch）等，期望其性能趋于稳定、优化和成熟。开源软件的维护升级与开发同等重要。

2. 当前国内开源的发展水平

现今国内不同单位的开源发展水平差距很大(有的单位水平较低，有的单位水平较高且已接近国际水平)，但总的来说国内开源正在崛起之中。

有人说，或者不少人认为，10 年来，国内开源进步显著，成绩斐然。国内开源与国际比，在开源环境、核心技术、开源人才、开源生态等方面还存在很大发展空间。国内开源和信息化的崛起为赶超国际创造了绝佳的窗口期。也有人说，10 年来，开源技术在中国 IT 经济转型和发展中发挥关键作用，促使中国成为全球开源技术和 IT 经济的领导者角色。10 多年后，像阿里巴巴、百度、华为、腾讯、京东、小米、联想、中兴等公司，不仅在开源技术方面，而且在全球 IT 经济中处于领导者的地位。在当前国内“双创活动”环境中更涌现了不少独角兽（Unicorn），它们在攻克国际创新技术前沿竞争中斩获大奖，它们有开源的也有闭源的。

3. 研发开源操作系统建设开源生态

芯片和操作系统是网信领域的核心技术，至今也是我国的薄弱环节，我国在这方面受制于人，常被比拟为“缺芯少魂”。

迎接开源芯片新潮流，自主研发基于开源的操作系统，已成为我国当前有待解决的急迫任务，建设生态系统更是保证操作系统运作的关键。

下图是操作系统和生态系统概览图。

操作系统和生态系统概览图

生态系统除图中表示的 API（应用级）+DPI（内核级）外，还应包括维护升级（OPS），打造以 API+DPI 为核心的生态系统：①建立 API（应用程序接口）应用级生态，开发大量应用程序（软件），通过 API，传达指令调用执行应用程序；②运行在特定硬件平台上的操作系统通过其提供的稳定的驱动接口（DPI），内核级生态，下达指令调度各种硬件（CPU、外设等）资源，为执行应用程序服务。

（2017 年 12 月 25 日）

附件：倪光南院士对《推进中国的开源运动》一文来函

陆总，您的文章对中国开源现状做了全面的论述，可以帮助有关政府部门和各界人士认识和理解开源运动，从而更加关心和支持，建议在媒体上发表，谢谢！

倪光南

2018 年 1 月 14 日

2.17 “2019 数字中国创新大赛”[一]北京赛区总决赛上的讲话

这次大赛的主题是“软件赋能数字经济，创新驱动数字中国”[二]，意义重大！

今天，我们处于开始建设数字中国的伟大时代，处于生产方式、经济范式、社会模式转型的伟大时代。生产方式转型，即从传统的工业生产方式向

[一] 2019 数字中国创新大赛由工业和信息化部、福建省人民政府共同指导，由福建省数字福建建设领导小组办公室、福建省工业和信息化厅、福州市人民政府、中国电子信息产业发展研究院、数字中国研究院联合主办。

[二] 数字经济发展已成国家战略，软件将成为推动数字经济发展的最重要驱动力。数字中国建设是我国现今及未来发展的重心之一，创新将为数字中国建设提供强有力的支持和动能。

智能生产方式转型；经济范式转型，即从现实的工业经济向新经济或数字经济转型（新经济指互联网经济、共享经济、开源经济、创客经济，新经济是工业经济向数字经济转型的过渡经济）；社会模式转型，即从工业社会向知识社会或信息社会转型（如由工业城市向智慧城市转型）。生产、经济、社会数字化转型需要依靠供应侧创新。今天我们提倡建设工业互联网就是立足于创新，这里谈的创新应该是跨时代颠覆性的创新，促使传统业态以“0→1”的方式重构新业态的创新。“互联网+创新2.0”或工业互联网或“工业4.0”战略任务相同、机制相通。“工业4.0”（如中国制造2025）侧重于智能制造，工业互联网侧重于重构网络化、智能化的工业体系，“互联网+创新2.0”的主要任务涉及生产、经济、社会以及更宽广领域的网络化、数字化、智能化。三者的工作机制是促进物理空间（在现实工业社会物理空间/Physical Space中考察传统业态）、数字网络空间（在虚拟化网络空间/Cyber Space中映射知识社会场景）和人（Human，以人为本，考察人际、人物关系），即“P+C+H”三元空间互动、融合，促进传统业态重构新业态。

C空间以互联网为载体、以数据知识为资源、采用深度信息技术及其适配管理为驱动力，由载体、资源、驱动力综合构成创新动能，以C空间的创新动能作用于P空间中的传统业态，催生其重构新业态，以实现生产或经济或社会的数字化、智能化转型。

第四次工业革命（工业4.0）的核心聚焦于大数据和人工智能，其创新效率取决于算法、算力、大数据和应用场景。高效的算法有赖于高档芯片和软件支持（芯片设计也有赖于软件，更确切地说，有赖于开源软件的支持）。当今世界，软件定义硬件、定义网络、定义世界，因此开发软件对实现数字化、智能化转型的作用是不言而喻的。据长江商学院提供的一个统计数字显示，中国和美国的人工智能软件包目前均来自美国公司，对此我们要奋起直追！

开发软件、开发芯片、开发算法，实现数字化、智能化转型以及建设数字中国的关键在人才（特别是领军人才），要重视培养、引进、用好人才，组织这样的创新大赛，着力点也在于培养、发现人才，这是一件功德无量的事！

最后我祝贺选手朋友通过这次国家级赛事取得好成绩！

（2019 年 3 月 31 日）

2.18 自由软件、开源软件有关问题

2.18.1 关于自由 / 开源软件（FLOSS）[㊀]

Michael Tiemann 先生就陆教授文章来信谈：

非常感谢你们发送这篇文章（注：指《积极投入开源大发展洪流》）。如果你们查看维基百科页面，会看见我也参加了 Palo Alto 会议（注：该会议第一次提出了开源（Open Source）的概念）。

此外，如你们可能知道的，早在 1989 年，Cygnus 公司就开始提供自由软件的商业支持，在“开源软件”这个词发明之前做到了每年近 2 000 万美金的收入。远在“开源”这个词发明前，Cygnus 公司和 Red Hat 公司就获得了风险投资。这就意味着“自由软件”并非没有商业模式。进一步来说，开源更易于促进自由软件的利益获取和软件的其他自由许可证模式。

我认为在一篇重要的文章中，如果将开源软件和自由软件对立起来，可能其效果会适得其反，因为两者都很重要，两者都很成功。如果你从开源软件的世界中删除了自由软件，就没有了 Linux，没有了 GCC，没有了 Gnome，没有了 Blender，没有了 R（R 语言），等等。

更为重要和有用的预设框架是开源软件（及自由软件）与所谓“开放系统”（如 Sun 过去推销的）和“开放软件”（如所有其他 UNIX 厂商推荐的）基于错误前提的对立（COPU 注：作者认为开源软件及自由软件是与 UNIX 商业公司先后推出的各种 UNIX 变种的商业版对立的）。作为一个有意义的平台，私有的 UNIX 系统将被开源软件及自由软件共同终结（COPU 注：作者认为开源软件

㊀ 本文包含陆首群教授与 OSI 前主席 Michael Tiemann 的信件交流内容，以及陆教授对 Michael Tiemann 来信的分析。

及自由软件是与私有 UNIX 系统对立的)。但开源从来没有终结过自由软件。

请将我的这些评论转告给你们尊敬的主席，谢谢。

Michael Tiemann

下面是陆首群教授对 Michael Tiemann 先生的来往信件的回复。

Michael Tiemann 先生：

非常感谢你的回信。正如你提出警示的那样，我们无意将 Open Source 与 Free Software（Stallman 将其纳入 GNU 框架）对立起来，即不存在“Open Source vs. Free Software”的问题，你从我的文章中完全可以看到这点，请不要误解。我们一直认为，Open Source 与 Free Software 本是同根生，或者说 Open Source 是在 Free Software 上发展起来的，很多自由、开放、共享、协同的理念和原则是相通的，我们中国也习惯称“自由/开源软件（Free/Libre and Open Source Software，FLOSS)”，把它们看成一体。可能后来的 Open Source 的内涵比 Free Software 更宽泛一些。事实上如你所讲，Open Source 更可能包含很多 Free Software 的东西，如 GCC、Gnome 及很多 Toolskit 等，而 Linux（GPL2）、Apache（GPL3）都是 Free Software (但 Torvalds 更愿称 Linux 为 Open Source)，Free Software 与 Open Source 两者都是重要的，都是成功的。我们很尊重 Richard Stallman 先生，他是 Free Software 的创始人，多次来中国访问，但他比较偏激，对一些成功的 Open Source 的无端责难，我们不敢恭维！这里我们举出你的前任 Eric Raymond 记述的一段话：在 1996 年的一次会议上，Stallman 与 Linus 意见相左，Stallman 开玩笑说可以有不同意见，但如果选择一种攻击性的表达方式似乎不太好。为此请你注意，对 Stallman 有某些不同看法不等于要将开源软件与自由软件对立起来。

再次致谢！

陆首群

2016.1.15

下面是陆首群教授对 Michael Tiemann 先生的来信进行的分析。

Michael Tiemann 的来信谈了 3 层意思：

① 他早年（1989 年前）在 Cygnus 公司工作（或许是创始人之一），该公司在 Open Source/ 开源概念出世前就已经开始商业销售“开源软件”。其实在 Open Source/ 开源概念出世前，UNIX 在 1970 年就已开源了（比 Cygnus 开源还要早近 20 年）。

② 他建议不要把 Open Source 与 Free Software 对立起来，这是对的，但可能有误解，为此我在给他的复信中说明了。

③ 他认为 Open Source 或 Free Software 是共同反对 UNIX 起家的，他还指出把 UNIX 变种认为是“开放系统”或“开放软件”是欺人之谈！我在这里再补充一点：AT&T Bell Labs 开发了 UNIX 操作系统，在 1977 年前允许以分发许可证的方式让大学和科研机构获得 UNIX 的源代码，这时的 UNIX 已经是开源的了（在提出 Open Source 概念之前），我们称之为“前 UNIX”。1977 年之后，UNIX 实行私有化，是闭源的，我们称之为“后 UNIX”。Tiemann 的意思是开源软件和自由软件共同反对私有的 UNIX（即“后 UNIX”），这是对的。Michael Tiemann 在开头还谈到他也参加了 Palo Alto 会议，表示他也是 Open Source 创始人之一，不要把他遗漏了。Michael Tiemann 认为自由软件也有商业模式，我们认为起码是微弱或不确定的，在此不跟他争议了。

（2016 年 5 月 27 日）

2.18.2 Linux 迎接挑战[㊀]

Linux 创始人 Linus Torvalds 说：“Android 就是 Linux 操作系统”，如今全球持有 Android 智能手机的人已超过 20 亿；全球 500 台运行速度最快的超级计算机中有 80% 采用 Linux；在网络领域，由中国企业（中国移动、华为）主导的基于 Linux 的主流开源项目 Open-O 最近创新成功，该项目涉及网络

㊀ 本文是陆首群教授同吴峰光博士进行的三次系列对话的内容。

管理和编排领域的创新，它将重新定义SDN的基础架构，指导全球一些大规模通信网络的部署和管理；甚至连微软的云计算平台在2016年8月也引入了Red Hat的Linux（企业版）操作系统。Linux无处不在。今发表陆首群教授和吴峰光博士的对话——关于Linux迎接挑战的序列对话（之一、之二、之三）。

陆首群教授与吴峰光博士㊀
关于Linux迎接挑战的序列对话（之一）

（陆首群教授，中国开源软件推进联盟名誉主席，以下简称“陆”；吴峰光博士，Linux基金会Linux大规模自动化测试专家，以下简称“吴”）

陆：今天要跟你讨论的问题主要是Linux在发展中遇到了哪些挑战，我准备给Linux基金会创始人Linus Torvalds写信，问他有哪些应对措施。在写信前先跟你讨论。

第一个问题是，有人说Linux的发展似乎不是从用户的需求出发的，而是来自开发者的创意。如果长此下去，是否会使Linux迷失发展方向？

第二个问题是，Linux开发支持基于x86的主流架构，Linux虽然也支持多架构如ARM、mips等，但其他架构是非主流的，支持力度恐怕要弱，面对PC向移动端继而又向IoT发展的形势，长期以x86作为支持的主流架构是否会阻碍Linux的发展？

第三个问题是，最近Google开发了用于物联网（IoT）领域的新的操作系统——开源的Fuchsia，其特点是小型化和实时性，而作为通用操作系统的Linux（大量用于移动终端也可用于桌面系统）相对来说功能多，但结构复杂、体积臃肿，难以做到小型化、实时性，但IoT是当前和未来影响极大的大市场，Linux（用于IoT）是否要迎接挑战呢？

㊀ 吴峰光博士，曾任职于Intel开源技术中心，现在是openEuler社区技术委员会委员，同时也在负责Compass-CI项目。从第一次向内核社区提交patch，到成为全职的开源贡献者，他投身于开源领域已经10多年。作为核心的内核代码贡献者，他有独立维护的代码tree，可以直接向Linus Torvalds提交patch，并常年受邀参加Kernel Summit峰会。2018年，CCF奖励委员会决定授予吴峰光博士“CCF杰出工程师奖”，以表彰他在Linux内核和开源社区方面所做出的贡献。

吴：陆主席，您好！

关于您电话中提到的 3 个问题，我的感觉是第一个问题是虚的，第三个问题是实实在在的，第二个问题很大程度上来源于 ARM 厂商和市场的特质。

开发者与用户需求问题

Linux 开发者以用户需求为依据，大体上可以分为两类：

- Linux 代码贡献者　主要是各个下游厂商的开发者，或者团体 / 个人用户，他们是需求的提出者和实现者，是主要推动力量。
- Linux 维护者　站在 Linux Kernel 长远发展的角度，审查代码，改进架构，确保质量、性能和长期可维护性。维护者对于各个厂商基本持兼容并包的态度，其立场一般是中立的从技术角度看问题。这样的体系基本上是合理的，也体现了 Linux 社区驱动的性质，即需求主要来源于社区力量，具体表现为企业 / 个人用户的代码提交。

X86/ARM 问题

如前所述，Linus 及其维护者团队努力维持其自主性，鼓励各厂商的开发者以“独立贡献者”(Individual Contributor) 的方式贡献代码。

Linus 对 x86 支持得好，源于两个主要因素：

- x86 是主流硬件，大部分用户和开发者在用 x86，自然而然，它的功能、性能、bug 反馈都有先天优势。
- x86 开发较为有序，ARM 相对涣散，特别是在 Linaro 组织出现之前。

ARM 阵营里的厂商竞争多于合作，导致 ARM 这个体系结构的维护状态跟它拥有的开发者数量不相称。很典型的就是 ARM 里的子架构非常多，高达 74 个，每个厂商各自开发一套，互相复制粘贴代码，大同而小异。这造成维护的噩梦，Linus 对此深恶痛绝，屡屡批评和督促 ARM 开发者向 x86 开发者学习。Linaro 组织的出现就是朝这个方向努力的一个重要标志。ARM 架构的代码修改量很长时间以来比 x86 架构的修改量大得多，代码绝对数量也更大。ARM 有 38 万代码行数，而 x86 仅有 26 万代码行数。这说明 ARM 不缺开发者，可惜各自为战的成分多了些。除此之外，各 Android 手机厂商开发的数量庞大的代码，大部分没往上游推，主要是因为产品快速上市的压力很大，前后产品之间的代码复用很难。相比而言，服务器厂商在产品开发和生态培育上更有节奏感，能长期稳健投入，建设起一个体系。

Linux 从 1995 年发布 1.2.0 版本开始就支持多种硬件架构了。这时候的 Linux 还处于“幼儿”阶段，代码简单。这么早就引入多体系架构的支持，意味着 Linux 从设计上对多架构的支持是完善和具有前瞻性的。如果某些架构表现不好，大概只能从这个体系架构的厂商那里去找原因了。

IoT

IoT 对于 Linux 的确是一大挑战，主要体现在大小和延迟两方面。一方面，Linux 的成功发展导致了臃肿和复杂；另一方面，Linux 是社区驱动的，来自于嵌入式厂商的驱动力量偏于薄弱。我倡议相关的嵌入式厂商和开发者采取切实的行动，贡献自己力所能及的力量，让 Linux 在小设备上跑得更好。社区的创造源泉是包括你我在内的每个参与者。

陆首群教授与吴峰光博士
关于 Linux 迎接挑战的序列对话（之二）

陆：最近 Google 开发了新的操作系统 Fuchsia，其内核 Magenta（基于 Little Kernel，LK）与 Android（LinuxOS）及 Linux（Kernel）有什么差别呢？它的应用范围是跨平台的，包括 IoT、移动终端、桌面系统。我看它主要用于 IoT，说要扩展到桌面操作系统领域，似乎有点言过其实。我还是认为，Linux 和 Fuchsia 的应用范围是互不相干的。Fuchsia 与 Linux 的操作系统最大的区别是它能做到小型化和实时操作，Linux 作为一个通用操作系统，代码影像尺寸（内存空间）愈来愈大，响应时间愈来愈长（难以实时操作）。时代在变化，由 PC（桌面系统）到移动（终端）继而到物联网（IoT），IoT 是“第四次工业革命”的主要领域。Linux 的发展是否也会与时俱进？ Linux 有没有“瘦身”的目标？你电话中告诉我，Linux 也有精简版，恐怕这时尚难做到小型化和实时操作。还有一点，Fuchsia 不仅小到像一个嵌入式系统，它还要跨平台。我除了想与你探讨 Linux 和 Fuchsia 的关系外，还请你搜集一些具体数据（我本人也在搜集中）。我感兴趣的是 Linux 如何应对挑战，首先想听你的意见。

吴峰光为此回复的关于 Linux 和 Fuchsia 的 13 封信如下。

（其中 8 月 25 日 21:11 和 21:27 的两封邮件已纳入“关于 Linux 迎接挑战的序列对话之一”中）

吴（8 月 24 日 20:15 的复信）：

陆主席，您好！

关于 Linux/Fuchsia 的调研如下，还有若干问题我后面继续补充。Linux 在 IoT 领域面临两个基本挑战：① 内核大小，② 响应延迟。有些设备的内核太小没法运行 Linux；有些设备的内核要求低延迟也没法运行 Linux。对于这些设备，为它们专门设计的各种 IoTOS 会是恰当的选择。Linux 的设计目标是一个通用操作系统，大量技术上的 Design Trade Off（设计权衡）就会往该目标上倾斜，再加上支持非常多的功能而导致的复杂性，要克服上述两个难题相当不容易。实际上 Linux 内核的最小容量随着功能的增多一直在增长，如下图所示。

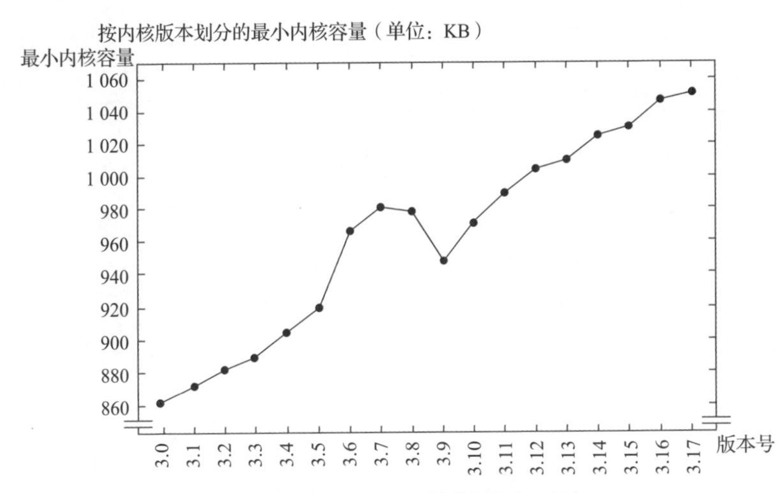

Linux 内核的最小容量随着功能增多而增长

资料来源：http://events.linuxfbundation.org/sites/events/files/slides/tiny.pdf。

Linux 与 RTOS 的延迟比较，见下图。

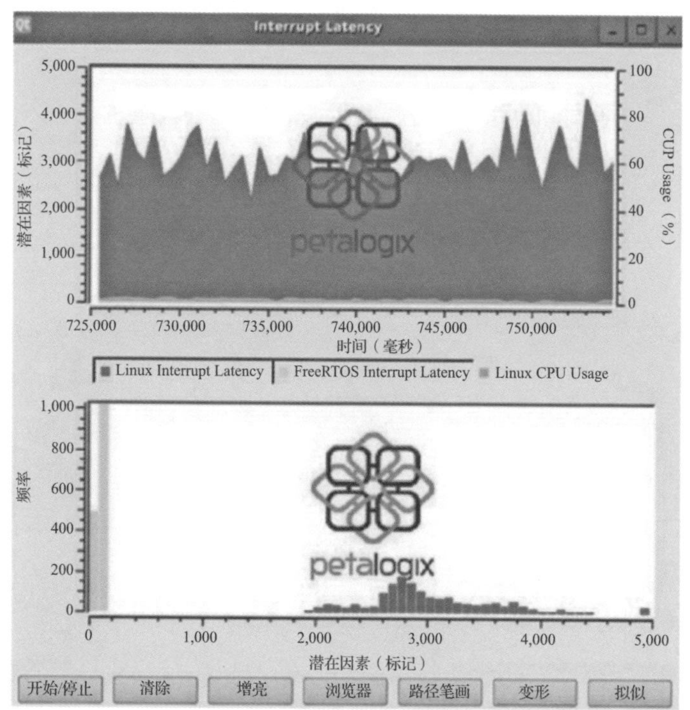

Linux 与 RTOS 的延迟比较

资料来源：http://www.embedded.com/linux-wins—or-does-it-。当然 Linux 也在改进，比如这份技术白皮书：LinuxAsaReal-TimeOperationSystem11/2005 http://www.nxp.com/files/soft_dev_tools/doc/white_paper/CWLNXRTO SWP.pdf。

硬件能力稍强的设备，相应的会对软件能力和生态有更高的要求和依赖。Linux 应当发挥积极的作用，把这些设备支持好。但是持续增长的内核大小说明 Linux 对它们的支持正在恶化。这说明在 Linux 社区中缺少足够的力量来监测和优化内核大小。问题可能在于，手机及嵌入式领域的厂家投入了大量的人力来让 Linux 在自家的平台上运行得好，但是一般来说缺乏把产品代码整理干净，变成质量高、通用性好的代码，并把它推入上游 Linux 代码库的热情。桌面及服务器厂商（比如 Intel、Red Hat）的态度就是 upstreamfirst，即先把代码贡献给上游，然后在自家产品中采用或移植

（backport）。两种态度造成的差别就是，Linux 对桌面和服务器支持得相当好，然而在嵌入式领域的表现不尽如人意。据我所知，Linux 下游厂商的开发者数量要比上游维护者大两个数量级。他们作为最了解需求、掌握最多开发者的大客户不贡献代码，上游维护者想要迎合用户需求也难。

Linus 及其维护团队的主要职责还是在于把控质量和确保架构合理。大体上 Linux Kernel 的发展方向是被各类用户推着走的。哪一类（厂商）用户比较“给力”，Linux 在哪方面就发展得好。

陆首群教授与吴峰光博士
关于 Linux 迎接挑战的序列对话（之三）

陆：峰光，请帮忙查一下 Fuchsia/Magenta/Little Kernel 的内存，以及 Android/Linux（Kernel）的内存。我有其他渠道也在查，但我希望获得你的数据和评说。

吴（8 月 26 日 13:04 复信）：

陆主席，您好！

抱歉，回复晚了！

Fuchsia/Magenta 跑起来需要多少内存还不清楚。我需要编译看看。

代码量是知道的：

	代码行数 (SLOC)	人年	项目历史
Linux v 4.8	14M (M 指百万行)	4 735	1991
Linux 0.01	8k (k 指千行)	1.8	1991
Little Kernel	75 k	20	2008
Magenta	103 k	27	最近公开，估计内部研发有一两年了

如果把第三方代码也算进去：

	代码行数	人年
Little Kernel	506 k	138
Magenta	294 k	78

kernelsize	ROMsize	RAMsize
Little Kernel	15-20KB（映像文件）	
Zephyr	8-512KB（映像文件）	10KB（内存需求量）

以上是各类精简版 Linux 的大小。

吴（8 月 26 日 14:05 复信）：

陆主席，您好！

抱歉，回复晚了！

Fuchsia/Magenta 跑起来需要多少内存还不清楚。

我需要编译看看。

Fuchsia/Magenta 编译出来了，整个内核加用户态映像文件大小是 3 MB 左右：

```
3.5 MB          /c/fuchsia/magenta/build-magenta-pc-x86-64/
magenta.elf
2.7 MB          /c/fuchsia/magenta/build-magenta-qemu-arm32/
magenta.elf 这是不带图形功能的。不过跑不起来，死机了：invalidopcode，
halting
CS：            0x10RIP：     0x4cEFL：    0x2
CR2：           0
RAX：           0x2RBX：      0x3fRCX：
0RDX：          0
RSI：           0x8RDI：      0xdRBP：
0xffffffff80473be8
RSP：0xffffffff804d0fa0
R8：0xffffffff804d0fc0
R9：0xffffffff804cfe04
R10：0xffffffff804cfe0c
R11：0xffffffff804cfe08
R12：           0R13：        0R14：       0
R15：           0
errc：          0
bottomofkernelstackat0xffffffff804d0ef0：

0xffffffff804d0ef0：0000000d0000000000000008
00000000|................|
0xffffffff804d0f00：80473be8ffffffff0000003f00000000
|.：G....?.......|
```

Little Kernel 编译出来的大小是 232 KB：

```
0xffffffff804d0f10：000000000000000000000000
00000000|................|
0xffffffff804d0f20：0000000200000000804d0fc0ffffffff
|.........M.....|
0xffffffff804d0f30：804cfe04ffffffff804cfe0cffffffff|..L.......L.....|
0xffffffff804d0f40：804cfe08ffffffff0000000000000000
```

```
|..L............|
0xffffffff804d0f50：000000000000000000000000
00000000|................|
0xffffffff804d0f60：000000000000000000000006
00000000|................|QEMU：Terminated
```

吴（8月26日14:07复信）：

陆主席，您好！

抱歉，回复晚了！

Fuchsia/Magenta 跑起来需要多少内存还不清楚。我需要编译看看。

Little Kernel 编译出来的大小是 232 KB：

```
232 KB                    build-qemu-virt-a15-test/lk.elf
```

Little Kernel 可以跑起来：

```
wfg/c/fuchsia/lk%qemu-system-arm-machinevirt-cpucortex-a15-m1-smp1-k
ernelbuild-qemu-virt-a15-test/lk.elf
-nographic
welcometolk/MP
bootargs0x00x00x00x0
INIT：cpu0，callinghook0x8002e7b5（version）atlevel
0x3ffff，flags0x1version：
arch:                    ARM
platform：QEMU_VIRT
target:                  QEMU_VIRT
project：QEMU_VIRT_A15_TEST
buildid：F8Q5R_LOCAL


INIT：cpu0，callinghook0x8002fae9（vm_preheap）atlevel0x3ffff，flags0x1
initializingheapcallingconstructors
INIT：cpu0，callinghook0x8002fb2d（vm）atlevel
0x50000，flags0x1initializingmpinitializingthreadsinitializingtimersinitializ
ingports
creatingbootstrapcompletionthreadtopofbootstrap2（）
INIT：cpu0，callinghook0x8002c681（pktbuf）atlevel
0x70000，flags0x1
pktbuf：creating256pktbufentriesofsize1536（total
393216）
INIT：cpu0，callinghook0x8002e8a9（virtio）atlevel
0x70000，flags0x1
releasing0secondarycpusinitializingplatforminitializingtarget
callingapps_init（）startingappinetsrvstartinginternetserversstartingappshell
```

吴（8月26日16:15复信）：

陆主席，您好！

关于 Fuchsia/Magenta，有一点非常重要，它不是一个 POSIX 兼容系统，如果这是个迷你的 IoT 专用 OS，就不是什么问题；如果它想要在手机、桌面系统领域发展，则意味着从零开始，无处借力。因为不兼容 POSIX 则难以利用现有的庞大软件生态，什么都得从头研发。

作为对比，在嵌入式设备和手机上都能运行的 QNX 是 POSIX 兼容系统。

陆：峰光，你质疑 Google 的 Fuchsia 的意见可能会遇到不同意见，如有人说适用于 IoT 的系统如果只改变内核，它也很难适用于通用化太复杂的场景，即很难适用于跨平台（IoT- 手机 -PC），我看 Fuchsia 用于 IoT（小型化、实时性）没有问题。我怀疑它是否能扩展到手机和 PC 桌面领域，有人说只更换内核做不到，Google 说做得到？早先微软在 Win10 基础上开发了 Win10 IoT，后来要跨平台做不到，Linux 如果“瘦身”能否推出 Linux IoT，大家拭目以待！

我再补充一下我的意见，目前各种版本的 Linux 愈来愈臃肿，Linux 确实应顺潮流而动，开发适应于 IoT 的操作系统，即 Linux IoT，为此必须大力“瘦身”！据我了解，Linux 基金会在 WindRiver 协助下，在剪裁其嵌入式操作系统的基础上，研发了面向 IoT 设备的实时操作系统项目 Zephyr。现在的问题是 Zephyr 能否做到 IoT- 手机 -PC 跨平台操作（在只换内核情况下），似乎还在研发中。

另外，我提出的第一个问题是“有人说 Linux 的发展似乎不是从用户的需求出发的，而是来自开发者的创意。如果长此下去，是否会使 Linux 迷失发展方向？”我们似乎没有展开深入讨论，为此我补充下列意见：自由开源软件（包括 Linux 在内）是尊重用户、以用户为先的软件，是用户参与开发并给予用户自由的软件，不同于体现私有软件的社会制度，它是建立在分裂群众并保持用户无助的基础之上的制度。搭载开源软件的计算机用户可以自由地去修改程序以适应他们的需求，并自由地共享软件。此处定义的“用户”是指开源社区成员和广大使用者。所以 Linux 的发展是从用户需求出发的，是有用户参与开发的，不成问题！

2.18.3 不要引发自由软件和开源软件之间的分歧——兼评 Stallman[㊀]的谈话

开源软件与自由软件有共性也有区别，更为重要的是，二者可看成从两个角度来看待的同一类事物，因而通常将它们归为一类，通称“自由 / 开源软件（Free/Libre and Open Source Software，FLOSS）”。

开源软件与自由软件的软件开发者（一般为社区志愿开发者集体）在实施其各自的许可证（或许可协议）时，均要放弃自己所拥有的一些有关知识产权的权利，授权于被许可人（公众或用户，做默认处理）。软件作者将公开发布其源代码，允许被许可人自由使用（或运行）、研究、复制、修改、赠送或出售给他人以及发行该软件。自由软件和开源软件的区别，实际体现在许可证对权利义务的规定上，其严宽和紧松的程度上有所不同。

在自由软件的许可证中，不允许被许可人将本许可证所许可的源代码和执行代码（或运行代码和二进制代码）的修改版本或演绎版本在再发行时以其他的许可方式再发行。也就是说，自由软件在传播过程中，允许被许可人进行修改，但修改后再发行的软件应该还是自由软件，而不允许从此演变成非自由软件，即修改后再发行时，被许可人必须接受自由软件的运行规则（不能改变自由软件的许可证）。当然，如果被许可人将修改后的自由软件保留起来仅供自己使用，而不再另外发行，则是被许可的。

当软件程序进行修改或不同软件程序之间连接时，如果使用自由软件的许可证，则要求修改前后的该软件或相连接的组合软件，都要严格遵循该软件原来执行的许可证的限制。而如果使用开源软件的许可证，则对修改后的软件或与之连接的软件的限制相对较宽松，允许修改后或相连接的组合软件使用其他开源软件许可证，甚至允许其连接到专有软件（专利许可证）上去。

通用公共许可证（GNU General Public License，GPL）是一种比较典型

㊀ Richard Stallman，1953 年出生，自由软件运动的精神领袖、GNU 计划以及自由软件基金会（Free Software Foundation）的创立者、著名黑客。

的自由软件许可证。在现有的约60种自由/开源软件许可证中，GPL许可证的使用率为65.8%，即使用GPL许可证的自由软件是主流软件，在自由/开源软件中占绝大部分。GPL许可证规定，使用GPL的软件在修改后不得使用其他许可证再发行。

所以，在使用开源软件并允许修改再发行时，往往会出现许可证的冲突，而这种冲突主要是出现在不同许可证与GPL之间。

自由软件基金会（FSF）创始人Richard Stallman认为，自由软件与开源软件是不同的两个概念，自由软件是一项政治活动，而开源软件是一种开发模式；自由软件运动所关心的是它的伦理和社会价值。我们认为，这个说法基本上是正确的（至于自由软件是不是一项政治活动，值得商榷，但至少是一种文化现象，是一种哲理、伦理和社会价值观）。必须指出，开源运动也是要紧密贯彻自由软件的文化、哲理和价值观的，在这方面不要把自由软件和开源软件割裂开来。

前几天我见到王开源先生，看到他穿着一件印字的T恤衫，上面写着：Free Software，Free ware，翻译成中文为“自由软件，免费软件”。其实自由软件不一定免费，它与免费软件是不同的两个概念，应该把自由软件与开源软件看成一体。

有人把1998年关于自由软件（Free Software）和开源软件（Open Source）的一场争论搬出来说事。那次争论，Open Source相对占了上风，这是以Richard Stallman的妥协来收场的，争论的焦点集中在“次级通用公共许可证（Lesser General Public License，LGPL）”上。LGPL不同于GPL，在LGPL下，函数库可自由地连接到专有软件上去。我认为，现在重提历史争议不利于自由软件与开源软件的一体观。

有人还搬出来2018年9月15日，Stallman的一次谈话，他在其中提到开源软件拥护者鼓吹一种用户参与其中的“（社区）开发模式”，并断言如此这般一定会获得最好的软件。这种强调“实际方便性”的结果，实际是忽视使用程序的“自由性”。

这段话是什么意思呢？Stallman 在这里是肯定还是否定社区开发模式？他是不是说开源软件在实行“实用主义”，而抛弃了自由软件价值观的“灵魂”呢？我们应该冷静地来剖析他的这段讲话。

关于对社区开发模式的评价，Stallman 曾说过：“一般讲，我不认为 GPL 规则是 Linux 取得成就的主要原因，相反，我认为那是由于在 1991 年那个时期，Linus Torvalds 才第一个找到了分布式开发软件的正确的社区组织形式”。在这里，Stallman 充分肯定了“开源社区”这个开发模式和开发机制的先进性和其重要贡献。

就是今天，Stallman 也说：“我不是说他们错了”。我理解，Richard Stallman 说这段话是在告诫大家：发展自由/开源软件不要抓不住重点（Missing the point），不要忽视自由/开源软件的开发者（作者）授权于被许可人在使用（或运行）、研究、修改、复制、赠送（或出售）、发布时的“自由性”，以及“奉献给全社会以增进其团结一致的价值”。这是在发展自由/开源软件时居第一位的，而所谓“开源社区所创造出来的那种可靠、有效的软件”是居第二位的。所以，我认为 Stallman 在这里只是强调重点不同，并无对开源软件或开源社区有任何贬低的意思。

在自由/开源软件界，有一种将人们分成激进派和稳健派的说法，有人重视精神，讲究自由哲理、开源文化和价值观；有人重视物质，讲究实绩、实效。我看还是应将两者统一起来，我们承认指导思想对自由/开源运动的发展是重要的，但自由软件与开源软件不要分裂。

问题是我们要研究 Richard Stallman 近来谈话的背景是什么。必须指出，在自由/开源软件的整个发展历史中，资本、私权与自由、开放的矛盾贯穿始终，近来 Stallman 似乎十分担心资本对自由/开源运动进行过度的侵蚀。

例如，没有商业模式的开源社区，其开发活动需要企业或基金会提供财政支持，它最终是否会被资本或大企业所控制呢？据有关统计，目前全球开源社区的志愿开发者大多数来自企业（而非学校、社会），是否也可能带入企业的影响？如果自由/开源软件在修改后使用不同的许可证将其连接到专有软件上去，在重新发布这种组合软件时，是否会冲击、侵蚀自由软件的价值观？其实 Richard Stallman（在 FSF 首席律师 Eben Moglen 帮助下）领导制定的 GPLv3 许可证，就是为了宣扬自由软件的哲理和价值观，防范资本对自由/开源活动的过度侵蚀。GPLv3 的焦点有二：①企图防止诸如全球最大的私有商业软件厂商微软，以与 Novell“结盟”的方式，实行“各个击破”战略，侵蚀自由/开源活动（这里要提到的是，在 Novell 工作的“文件共享管理器 Samba”的核心开发人员 Jevemy Allison 就认为 M/N“结盟”有违于自由/开源运动的价值观，于是愤然离职而去），力求开源运动保持“团结一致的价值观”，拿起集体自卫的法律武器来应对；②诸如数字版权管理（DRM），加大对被许可人权利限制的力度（从软件延伸到硬件）。应该指出，很多人对 GPLv3 的出台迄今是持不同或保留意见的，接受 GPLv3，或从 GPLv2 过渡到 GPLv3 的自由/开源组织，正在缓慢增长之中（还未出现突变）。Apache 的创始人 Brian Behlendorf 说过，利他主义（Altruism）与利己主义（Capitalism）合在一起，才使人们为开源做贡献。其实资本与自由的矛盾是对立统一的，关键是要找出平衡点。

（2018 年 6 月 29 日）

2.19 开源的发展历史与前景㊀

自由/开源软件是为终结私有或专用软件的统治地位或主流地位在斗争中发展起来的。几十年来，自由/开源软件的发展从开源的定义被提出至今已有 19 年，从 Linus Torvalds 开发并发布 Linux 操作系统起至今已 26 年，从 UNIX 问世以来至今已 47 年，或从 Richard Stallman 发表“GNU 宣言”以来至今已 34 年。在世界、在中国，自由开源软件日益得到推广和传播。很早以前，我们就指出自由/开源软件的理念或开源文化是以创新为基础，具

㊀ 本文是陆首群教授在 2017 年 3 月 10 日的大会上的发言。

有开放、自由、共享、协同、民主和绿色的特征，自由/开源软件，特别是开源软件不但作为一种开发模式表现出了巨大的创新动力，而且作为一种商业模式蕴藏着巨大的潜力。它对现行的版权制度提出了挑战。开源软件与自由软件可看成是一体的，我们习惯称之为自由/开源软件（Free/Libre and Open Source Software，FLOSS)，但两者还是有区别的，除两者保持相同的理念外，开源软件更现实、注重方法、更接地气、应用更普遍、传播更快，至今已跃居软件的主流地位。在众多开源软件中，Linux 的表现尤为出色（Linux 既表现为自由软件，又表现为开源软件）。今天开源的理念已为越来越多的人所接受，开源为软件产业发展和“互联网+创新 2.0”注入活力，促进了“大众创业、万众创新”的创客潮和新经济/数字经济成长，并为其带来了巨大的机遇。

近几年来，开源在中国取得了腾飞式发展，正在形成并完善开源的生态系统。

出现这种现象的社会背景如下。

1）创新呼唤开源。当今中国改造工业经济，重构传统业态，实现经济转型升级的出路在创新，需要高强度、颠覆性的创新引擎“互联网+创新 2.0”。深度信息技术是创新 2.0 的重要基因，而开源则是深度信息技术的底层配置。

2）新经济/数字经济呼唤开源。由互联网经济、开源经济、共享经济、创客经济组成的新经济可看成由工业经济向数字经济过渡的形态。当今中国新经济正在崛起，正在形成“大众创业、万众创新”的洪流，具有协同共享(共有) 特征的开源是新经济的重要基因。

3）全球开源经济大发展（Linux 表现更亮丽）对中国的影响和推动，以及国内开源界多年来的努力奋斗和辛勤耕耘，特别是抓住近年来国内实行经济转型升级的机遇。

近年来由于国内信息化的深化和发展，以深度信息技术 (开源打底) 为核心的创新引擎“互联网+创新 2.0”获得广泛应用，形成了“大众创业、万众创新”的洪流。2016 年中国新增企业 1 000 万家，新增各类市场主体 1 600 万户，促进了中国经济转型升级和就业，中国经济增长对全球经济增长的贡献率超过 30%。创新运动也促进了开源的大发展，2016 年，全球十大互联网公司中，中国公司占了 3 席，全球最热门的 10 家大数据公司中，中国公司占 3 席，全球三大云计算公司中，中国公司占 1 席，全球三大人工智能公司中，中国公司也占 1 席，超级计算机全球排名中，中国计算机占据前两位（神威·太湖之光第一、天河二号第二），电子商务平台在线交易额排名中，阿里天猫平台居全球首位，大疆民用无人机销量居全球首位。中国智能制造战略规划“中国制造 2025”在顺利推进中，一批智慧城市试点在加快实施中。在智能手机领域，华为、小米、OPPO、中兴等一批企业正在挑战苹果、三星。以此为背景，加上国际开源运动的影响和支持，还有依靠我们自己的努力和奋斗，近年来国内出现了开源大发展的良好局面。

（2017 年 3 月 10 日）

2.20 利用开源软件尽快建立和恢复缺失的供应链㊀

1 月 14 日，Linux 基金会（LF）向我们通报成立“开源软件安全基金会（OpenSSF）㊁”的情况，和 LF 应邀参加白宫峰会，讨论如何利用开源软件尽快建立和恢复缺失的供应链以及如何迎接开源软件供应链的安全挑战的问题。

LF 早先决定开发开源安全软件，成立 LF 旗下的开源软件安全基金会（OpenSSF），由 Brian Behlendorf（Apache 软件基金会创始人之一）任 OpenSSF 的执行董事。

2022 年 1 月 13 日，LF（由 Jim Zemlin、Brian Behlendorf 作为代表）

㊀ 本文为陆首群教授主持的于 2022 年 1 月 18 日进行的 COPU 秘书处例会的会议纪要摘要。

㊁ 2020 年 8 月，Linux 基金会宣布与多家硬件和软件厂商合作，共同成立了开源安全基金会（OpenSSF），这是一项跨行业的合作，通过建立具有针对性的计划和最佳实践的更广泛的社区，并将领导者聚集在一起，以提升开源软件安全性。

应邀参加白宫峰会（美国联邦政府有关部门官员和专家，开源界、企业界知名人士参加会议），Jim 和 Brian 就“建立开源软件供应链，迎接开源软件安全的挑战”在会上发言。在会议讨论中，大家取得了广泛共识。

美国政府原来致力于破坏中国的供应链，结果遭到反噬，造成自己的供应链缺失，并引发通货膨胀，致使美国政府被迫关心如何利用开源技术尽快建立和修复缺失的供应链，解决供应链安全问题。LF 抓住这次机遇，全面阐述包括修复供应链在内的开源软件安全保障问题。

LF 的发言获得了参与这次白宫会议的各方的热烈反应和广泛共识。不言而喻，这次发言也促使美国政府确认 LF 早期发表开源白皮书中谈到的“开源软件拒绝或不受美国政府的行政打压（EAR）”。

LF 的报告中指出，开源软件（Open Source Software，OSS）是现代社会的运作中心，像高速公路桥梁、银行支付平台和手机网络一样重要，与每个国家、社区、基金会、企业密切相关，这是全球性的问题（不是美国政府独有的问题），期待与全球生态系统的合作取得进展，期待依靠互联网与开源协同建立供应链中分布式的数字主权取得进展。

谈到开源安全基金会的任务，有以下几点。

① 建立开源软件供应链，确保其安全活动；

② 保护关键基础设施（如银行、能源、国防、医疗保健等）中的开源软件；

③ 建立安全团队，持续排除开源软件中的漏洞，以预防像 Apache 软件基金会出现重大漏洞 Log4Shell 导致混乱的局面；

④ 对关键代码进行安全审计；

⑤ 建立测试框架，供项目测试特性使用（并淘汰未充分使用的特性）；

⑥ 移除已弃用或易受攻击的依赖项；

⑦ 使用 SBOM 格式（如 SPDX）跟踪依赖关系，使之更易发现和修补漏洞；

⑧ 鼓励维护人员熟悉安全软件知识，加强维护队伍建设；

⑨ 网络安全（Brian 认为，在保护关键基础设施中，开源软件的下一个重点是网络安全）。

目前，OpenSSF 已发展美欧的 16 家企业加入，包括亚马逊、思科、戴尔科技、爱立信、Facebook、富达、GitHub、Google、IBM、Intel、摩根大通、微软、摩根士丹利、Oracle、Red Hat 和 VMware。中国企业华为、腾讯也已加入。

2.21 在 2022 世界人工智能大会“自由开源软件思想者论坛”上的致辞

半个世纪以来，开源在全球崛起（开源在中国崛起也有 30 多年了），它是一项伟大的社会创新运动。众所周知，1970 年是现代操作系统 UNIX 的元年，也是开源在全球实质上的诞生之年（所以开源至今已有 52 年的历史了）。

1977 年，美国电报电话公司对由贝尔实验室开发的 UNIX 实行私有化。我将 1970—1977 年开放源代码的 UNIX 定义为“前 UNIX”，将 1977 年之后实行私有化、封闭源代码的 UNIX 定义为“后 UNIX”。从“前 UNIX”中派生出开源的“UNIX-BSD”分支，在“后 UNIX”时代，BSD 从 UNIX 独立出来并继续开源。

1985 年，自由软件（Free Software）问世；1991 年，以 Linux 为代表的开源软件（Open Source，习惯上称为开放源码）问世。“前 UNIX”与自由软件、自由软件与开源软件分别在技术上有传承关系（“前 UNIX”与开源软件在技术上也有直接传承关系）。在开源界，人们通常把“前 UNIX”称为源头，而把“后 UNIX”看成其对立面。

自由软件与开源软件有共性：两者理念相通，执行相同的版权制度（都对现行版权制度提出挑战），内容融合。开源软件与自由软件是从两个角度看待同一类事物，人们常把它们看成一体的，并称之为“自由开源软件”(Free/Libre and Open Source Software，FLOSS)。但两者也有差异：自由软件侧重于理念、被许可的权利层面，其许可证规定更严格；开源软件侧重于实际、技术或方法层面，其许可证规定要宽泛一些。半个世纪以来，开源软件与自由软件在我国甚至是全球均得到广泛传播（涉及科研、教育、生产和应用等），但开源软件的传播规模比自由软件要大得多。

自从 1991 年我国引进 UNIX 现代操作系统以来（中国是世界上接受贝尔实验室 USL / USG 赠送 UNIX SVR4.2 版本源代码的唯一国家），开源在我国发生、发展、壮大也已经历了 31 个年头。

开源的主要特征是创新、开放、共享、协同和自由传播，以及在建立商业模式的基础上形成大产业。今天，人们更加重视开源的溢出效应，开源创新已成为数字化转型、智能化重构的基础，成为全球的一种创新和协同模式，成为创新国家的战略需求。

下面列举一个讨论开源治理的案例：2021 年 12 月，联合国在波兰举行联合国互联网治理论坛（IGF），讨论未来互联网相关公共政策问题，其中邀请了 5 家不同类型的单位于 12 月 6—10 日在波兰的卡托维兹讨论未来互联网中的数字主权建设问题。这 5 个单位分别是代表国家的印度政府、代表学校的哈佛商学院、代表企业的 Google、代表开源联盟的 COPU、代表网站的 GitHub。COPU 所做的报告题目是《在分布式供应链上进行基于开源的数字主权建设》。

中国的开源发展开始进入世界先进行列（美国是第一梯队，西欧、北欧各国是第二梯队，中国开始进入第二梯队），更是全球开源发展最快的国家。早在 2006 年，我们便在国内建立了震惊世界的开源高地（也是创新高地、科技高地、人才高地），先后汇集全球顶级的开源领袖和资深大师约 60 人，聘请他们无偿担任 COPU 智囊团的高级顾问，该高地通过讨论、交流、咨询、培训、指导、合作等方式，助力中外开源的沟通与合作，助力中国开源的发展，作用巨大。

一些人误认为今天开源的只是软件，应对这种说法进行纠正。“开源”这一概念的内涵相较于早期的“开源软件”已经扩大了。创客时代，开源的内涵是“开源软件 + 硬件设计规范（或开源软件 + 由硬件板卡构成的简易通用的计算平台)"。迄今，开源的内涵已扩充为"开源软件+开源硬件+开源生态+开源技术+开源许可证（开源知识产权和法律体系）+开源治理与创新等"，单靠"软件"已包装不下开源了。至于中国开源软件推进联盟、Apache软件基金会的名称，均是沿用历史的概念，无须改名。今天，开源的内涵还在向开源教育、开源文化、开源经济、开源治理、开源基础设施等方向扩展。RISC-V指令集架构是开源软件。

开源的理论基础是"互联网+基于知识社会的创新2.0"，这是现代的创新模式。

为了使现实工业社会中的传统业态（生产、经济、社会方面）产生"0→1"的颠覆性转变或实行数字化转型、智能化重构，需要依靠现代创新模式驱动的工作机制。

对于需要被改造的传统业态所依托的现实的工业社会，要从中划出一个供考察的物理空间（其中包含传统业态并呈现工业社会的特征），另外还要构建一个虚拟化的数字网络空间，在其中配置以现代互联网为载体，以知识资源、深度信息技术和先进适配管理为驱动力或新动能，能够将虚拟化的数字网络空间中的新动能作用于现实的工业社会物理空间中的业态，促使其发生"0→1"的颠覆性转变或实现数字化转型、智能化重构。

开源与互联网的关系：两者理念相通，在Web2.0之后，开源的理念、技术、设备、应用在互联网上占主导地位，设有开源文化就没有现代互联网。

中国开源的发展大致经历三个阶段：

1）主要围绕企业产品建设操作系统及其生态的阶段。

2）主要研发基于开源的深度信息技术（如移动互联网、大数据、云原生、区块链、人工智能等）及应用的阶段。

3）主要在经济双循环基础上规范建设或改造我国的供应链（防止卡脖子），促进产业链和供应链的数字化，采用取代传统的物料表格式样的开源组件代码，以提高或保障其安全的阶段。

（2022年9月1日）

第 3 章　基于开源的深度信息技术的发展

3.1　基于开源的互联网和深度信息技术[1]

以开源为底层配置的深度信息技术是构成现代创新引擎（互联网 + 创新 2.0）的要素，是推动经济转型（由传统经济转型为新经济、数字经济）的驱动力。

开源的崛起与互联网和深度信息技术的兴起是相辅相成、互相促进的。下面列出基于开源的网信技术一览表。

1. 互联网

现代互联网是基于开源的理念、技术和应用建立起来的。

2. 云计算

各种云计算服务解决方案分别基于开源或闭源两种云架构。毫无疑问，基于开源云架构的云计算提供开源云服务，而在必要时可在闭源云架构上通过配置相应的资源管理模块，使得基于闭源云架构的云计算也可支持开源云服务（例如在 Azure 闭源云架构上通过 ARM 资源管理模块，也可支持 Linux 架构工作）。

[1] 深度信息技术指云计算、物联网、移动计算、大数据、人工智能、区块链等现代前沿信息技术。如本文所言，这些技术普遍基于开源软件。

3. 物联网

基于开源的物联网的运作机制与基于开源的互联网的运作机制是相似的。

4. 社交平台

社交平台一般具有开放、共享、协同的特征，这正是开源基因，也就是说一般的社交平台是基于开源的。

5. 移动互联网

基于开源的移动互联网的运作机制与基于开源的互联网的运作机制是相似的。

6. 大数据

在大数据的计算处理层中，对大数据进行分布式处理的软件框架（或数据处理器引擎），如 Hadoop、MapReduce、Spring、Storm 等，均是开源的，从而决定了大数据也是基于开源的。

7. 人工智能

人工智能从封闭的单机系统转变为快捷灵活的开源框架，而开源框架又推动构建人工智能的解决方案。目前主流的、通用性较强且各具特色的人工智能框架，如 TensorFlow、Caffe、PyTorch、MXnet、Torchnet、PaddlePaddle 等，均为开源软件。

早在 2015 年，美国四大人工智能巨头——Google、微软、Facebook、IBM 在其人工智能研发中遇到了瓶颈，同年它们先后将其研发的人工智能产品（包括人工智能框架、工具等）均实施开源，为突破瓶颈创造条件，此后它们开发的人工智能成果均可在开源的 GitHub 网站软件库中查到。

2017 年 11 月 15 日，中华人民共和国科学技术部召开新一代人工智能发展规划暨重大科技项目启动会，标志着新一代人工智能发展规划和重大科技项目进入全面启动实施阶段，即建设“一个平台四大支柱”。建设一个平台，即建设人工智能开放开源平台；建设四大支柱，即建设依托百度的“自动驾驶”人工智能支柱系统，依托阿里巴巴的“城市大脑（神经网络）”人工智能支柱系统，依托腾讯的“医疗影像”人工智能支柱系统，依托科大讯飞的

"智能语音"人工智能支柱系统。这个战略计划体现了基于开源的人工智能发展计划。

8. 区块链

区块链是彻底颠覆早期互联网思维的、基于开源的价值互联网，即具有开放、共享、协同等开源价值的网络（或共享网络），所以说区块链不言而喻也是基于开源的。

（2018 年 4 月 1 日）

3.1.1 云原生 +Kube 编排[⊖]

云原生计算基金会（CNCF）于 2016 年 11 月 14—16 日在上海跨国采购会展中心召开了首届云原生计算国际会议（KubeCon+CloudNativeCon）。

基于开源的云原生（Cloud Native）容器化（+Kubernetes 虚拟化编排动态管理）受到全球四大公有云（亚马逊的 AWS、微软的 Azure、阿里云、Google 云）的支持，也受到国内外其他私有云、公有云、混合云（如 IBM 云、华为云等）的支持。

在分布式环境中建立云原生计算平台（支持上百万个自愈节点和多租户），发展了很多自动化技术和管理工具（如容器化、Kube 编排、微服务、敏捷基础设施、无服务器、边缘计算、动态管理 DevOps、持续交付、虚拟化技术等）。概括起来，云原生容器化编排技术具有容器化、Kube 编排、微服务、DevOps 四大特点，在保证安全（克服短板）的基础上实现了云计算的敏捷模式，可快速部署，实现资源利用最大化，把业务、资源，易于应用更快地迁移到云平台上（如易于调度或迁移计算机、存储、网络资源，易于迁移公有云、私有云、混合云的资源），以享受云的高效和按需分配资源的能力。

无服务器（Serverless）也可看作云原生的新兴应用场景，它是基于互联

⊖ 本文综合了 2017 年 11 月 14—16 日在上海召开的首届云原生计算国际会议上关于"云原生 +Kube 编排"所分享的内容。

网，运行在无状态计算容器中的，其应用开发不使用常规服务进程，仅依赖第三方服务，云原生支持可作为云中继的无服务器（Severless），由第三方向用户提供无须安装、管理和维护的云服务，实行定租服务，按需使用，计费收费（用完交费离开）。

微服务（Microservice）是一项在云原生容器中部署应用和服务的新技术，围绕业务创建可独立开发、管理和加速的应用，它将使部署、管理和服务功能交付变得更加简单，更易升级和扩展。

Kubernetes（简称为“Kube”）是由 Google 原创的，Google 将其捐献给了 CNCF。Kube 在 CNCF 中孵化成长，具有快速部署和弹性伸缩功能，曾获 2018 年全球优秀软件，为支持云原生新功能的开发起到了不可或缺的关键作用。

云原生（+Kube）支持边缘计算（Edge Computing）：使用 Kube Edge Bus 处理边缘云网络；使用 Kube 管理边缘节点。

云原生（+Kube）是未来云计算的发展方向。目前，全球正在加快构建完善的云原生技术栈，加速云原生商业转化和实现规模生产，并加快开发云原生新兴应用场景，如无服务器、边缘计算、人工智能、物联网、区块链、5G 等。

为了建设国内云原生的研发生产基地，开拓中国云原生市场，迄今加入云原生基金会（CNCF）的中国会员单位有华为、阿里云、京东、百度（以上为白金会员），腾讯、ZTE（以上为黄金会员），中国移动、滴滴、九州云、灵雀云（以上为白银会员）等 39 个。

据权威机构预测，到 2020 年全球将有超过 50% 的企业在生产级或者工程级的核心业务中采用容器化的云原生应用，云原生前景光明！

这次出席在上海召开的首届云原生计算国际会议的有 2 700 多人，在本届会议上有 160 位讲演者（其中我国有 38 位讲演者，约占 1/4），会议组织方 CNCF 也有 5 人次讲演，主要讲演单位（讲演人数）有 Google（29 人）、IBM（19 人）、华为（17 人）、微软（8 人）、VMware（6 人）、阿里巴巴（5

人)、腾讯(5人)、Intel(5人)、京东(3人)、eBay(3人)。国内讲演单位还有才云、灵雀云、ZTE、小米、中国电力、蚂蚁金服、金风科技等;国外讲演单位还有GitLab、SUSE、Canonical、Debian、Uber、渣打银行等。

在本届会议上发表的讲演内容包括:中国的云原生生态系统、基于Kube的现代云应用CI/CD解决方案、CNCF互动景观、采用Kubernetes + Pouch Container处理"双十一"电子商务交易问题、(JD) Kube平台电子商务用的微服务器计算、Kube如何加速各行业的云原生移动、通过容器和Kube加快基因测序、通过Kube实现容器化应用的安全、将企业微服务从Cloud Foundry迁移到Kubernetes、用机器学习深度定制Kubernetes、云原生的运维实例、大规模的Kube集群操作管理、使用Kube处理欧洲第二电视台电视节目屏幕体验、使用Kube Edge Bus处理边缘云网络、使用Kube Edge管理边缘节点、无服务器的Kube促进AI业务、如何使用Istio来管理网络流量、VMware的容器化解决方案、用于多租户的应用的Kube虚拟机解决方案、大数据和AI在Kube上的实践、将Kube用于区块链应用的挑战和解决方案、利用Micro Kube和Kubeflow达成Kube CICO(持续集成/持续交付)、强化多云Kube集群的服务、无服务器工作流(广泛应用无服务器的关键)、使用Kubeflow让中国电力变得更加智能等。

(2017年6月10日)

3.1.2 阿里云Pouch Container与Kube㊀

阿里云首席软件工程师马涛在"云原生和Kubernetes编排国际会议"上报告有关基于虚拟化、容器化编排技术的Pouch Container,处理"双十一"淘宝、天猫两大平台电子商务交易的问题。

㊀ 2018年11月14日,陆首群教授出席由云原生计算基金会(CNCF)在上海主办的全球顶级Kubernetes官方技术论坛会议间隙,与阿里云技术负责人马涛和孙宏亮进行交流并总结形成本文。

2018 年淘宝、天猫成交额达 2 135 亿元人民币（约 307 亿美元）。阿里云在“双十一”高峰期间，每秒处理 32.5 万个订单请求，支付宝在峰值时每秒处理 25.6 万笔交易。阿里云认为，Pouch Container 容器虚拟化管理平台支持快速部署和弹性伸缩，在满足双十一极大化快速处理订单请求或每笔交易时，这种基于容器虚拟化编排的体系结构发挥了很大作用。

会下，我与阿里云的马涛、孙宏亮等交谈，并向他们提出了 4 个问题，数日后阿里云方面作答如下。

提问 1：你们自己的 Pouch Container 与 Kubernetes 相比效率如何？差距大概有多大？

回答 1：Pouch Container 和 Kubernetes 是相辅相成的关系。Kubernetes 作为分布式集群的调度系统，Pouch Container 作为每个节点上的容器引擎。

提问 2：如果 Kubernetes 效率更高，你们计划采用 Kubernetes 来替换吗？如果有此计划，有没有时间表？

回答 2：目前 Kubernetes 已在阿里巴巴集团内部小规模落地，调度层面使用 Kubernetes，底层容器引擎采用 Pouch Container，目前运行状况非常稳定。未来一年内，我们计划将更多业务运行在 Kubernetes+Pouch Container 环境下。

提问 3：你们对国内外 Kubernetes 的采用情况了解得怎么样？对 Kube 的发展有什么预测？

回答 3：据我们所知，国内的容器业务基本上都基于 Kubernetes 构建，目前 Kubernetes 几乎成了容器调度编排的事实标准，这次“KubeCon+CloudNativeCon”会议的状况就是 Kubernetes 非常火热的佐证。Kubernetes 作为调度领域的核心，地位基本已确定，对于其后续发展我们认定将是围绕其开展的生态建设，如存储、网络、发布等。

提问 4：你们介绍的 Pouch Container 是在采用 Kube 编排下使用的吗？

回答 4：对，在 Kubernetes 背景下编排使用，Kube 编排是主流。当然，Pouch Container 也可在 Mesos、Swarm 等其他编排系统下运行。Pouch

Container 是 OCI（Open Container Initiative，OCI 属于 CNCF）标准的，Pouch Container 和 Docker 没有关系。

（注：孙宏亮说阿里云自己开发的容器化编排技术是一种类 Kubernetes 的编排技术，过去阿里曾用 Pouch Container 处理“双十一”天猫、淘宝两平台超量规模、超快速的订单交易业务。2017 年 11 月，阿里开源了基于 Apache2.0 协议的容器技术 Pouch Container，这是一款轻量级的容器技术，拥有快速高效、可移植性高、资源占用少的特性。当然其效率还是低于同样基于开源的 Kube。）

（2018 年 11 月 17 日）

3.1.3 区块链的基本属性[㊀]

开源是区块链中价值的来源，也是区块链的基顶层配置。区块链有 5 个基本属性。

1. 分布式记账（簿记）也称为分布式储存或超级记账（Hyperledger）

网络中每个节点上的每台计算机都是采用编码进行有效交易的记账人，所有节点共同参与交易（进行点对点交易），网络中每个节点都进行记账（全民记账）。

区块链是一种数字化的应用技术，一本安全的“全球总账本”，所有数字化交易都可在这个“账本”上进行记录。

2. 智能合约（分布式节点的共识算法→智能合约）

全网对数字资产的登记、归属、鉴证达成共识，对点对点的记账、交易的编码、账本、算法以及时间戳达成共识（做到各点统一），根据共识机制制

㊀ 作者鼓励和支持区块链的健康发展，同时呼吁正确地认识和对待加密数字货币和初始代币发行问题。

定智能合约，实现资产所有权的唯一性、每次交易的有效性，以及数据交易的不可篡改性。

3. 安全信任

区块链作为构造信任的机器，依靠复杂的密码学加密其链数据结构，以及通过全新的分布式加密算法，在不需要第三方介入的情况下，在互联网使用者达成共识（包括建立一个共识数据库）的基础上，解决在互联网上运作时令人担心的安全信任问题。

4. 去中心化

区块链是在接受中央银行监管、统一集中清算的前提下去中心化的记账支付系统（也是分布式的存储系统，可记账、支付、清算，但不具备存、储、兑等传统业务功能），缓解了金融权力的过度集中，增加了信息的对称性。

5. 共享网络

区块链是颠覆早期互联网思维、基于开源的价值互联网，也是实现人与人、机器与机器或人与机器之间价值交换的共享网络。

当前中国区块链有待处理的问题包括：

- 停止发行加密数字货币

加密数字货币是未来货币发展的方向，但今天，由于其存在的严重问题，全球对于是否发行比特币及其他数字货币，仍处于争论的旋涡中。中国政府明令禁止发行比特币，所以我们研发的区块链项目及其推广应用中，不包括发行比特币。

- 停止初始代币发行（ICO）

停止 ICO 就是防止代币发行融资，ICO 本质上是一种摆脱银行监管、未被批准的非法公开融资行为，所以我们研发的区块链项目及其推广应用中，不采用 ICO 的发行方式。

（2017 年 6 月 20 日）

3.1.4 开源是人工智能发展的基础[㊀]

1. 开源支持人工智能技术突破发展瓶颈

2015 年美国当时的人工智能四大巨头——Google、微软、Facebook 和 IBM，发现它们在人工智能的研发上遇到了发展瓶颈。为了突破瓶颈，它们于 2015 年纷纷将自己开发的人工智能技术（含框架、工具、引擎、平台等）全部实行开源，鼓励全球志愿开发者帮助开发、修改其源代码，或纠错打补丁。只有如此凝聚人才、集结大众智慧，才能达到突破人工智能发展瓶颈的目的。

Google 于 2015 年 11 月 10 日将其全新的人工智能系统及基于神经网络的深度学习引擎 TensorFlow 开源；微软于 2015 年 11 月 16 日将其机器学习分布式工具包 DMTK 开源；IBM 于 2015 年 11 月 23 日将其机器学习平台 SystemML 开源；Facebook 于 2015 年 1 月将其基于 Torch 的深度学习工具开源。

2. 开源加速人工智能开发创新，协同建设生态和供应链

从 2013 年至今，百度持续研发自动驾驶与无人驾驶技术，并于 2017 年 4 月正式宣布实施开源 Apollo 计划，建立 Apollo 平台，推出 Apollo 1.0 版本，至今已发布第 10 个版本（Apollo 6.0），这使百度形成了比较完整的自动驾驶与无人驾驶体系，也使 Apollo 平台成为全球最活跃的自动驾驶与无人驾驶平台之一。

在 Apollo 的 10 个版本中，百度拥抱开源，集结了全球 97 个国家的 4.5 万名开发者，开发了 60 万行开源代码；百度还协同全球 210 家合作伙伴（企业、大学、研究机构等），共同建设自动驾驶与无人驾驶的生态和供应链。

如今开源已成为全球流行的一种创新和协同模式，而基于开源的人工智能将成为创新和协同模式的叠加成果。

（2020 年 9 月 15 日）

㊀ 这是作者在 2020 年第十五届“开源中国 开源世界”高峰论坛后对人工智能发展的点评。

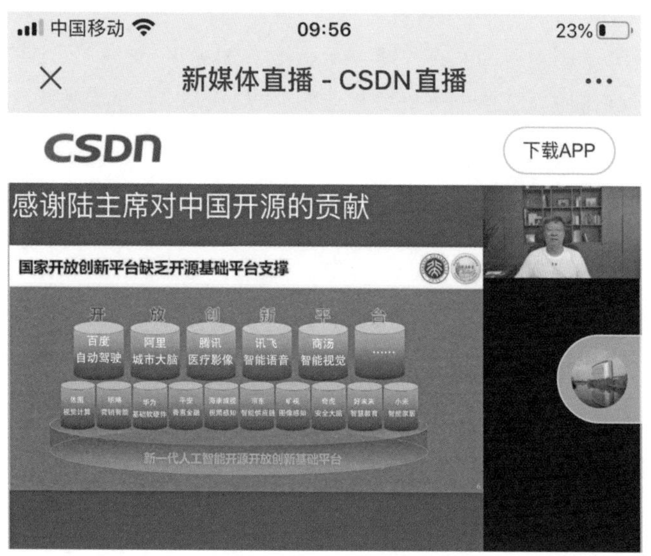

高文院士在 2020 年第 15 届“开源中国　开源世界”高峰论坛的报告截图

3.2 读《2021 中国开源发展蓝皮书》[二]有感

中国开源软件推进联盟（COPU）联合中国开发者社区（CSDN）、开源中国、开源社、中国网络空间研究院、中国电子信息产业发展研究院、中国电子技术标准化研究院、北京大学、国防科技大学、华东师范大学及相关企业、科研院所的专家，共同策划和编撰了《2021 中国开源发展蓝皮书》(以下简称蓝皮书)。在蓝皮书发布前，参与者们还征询了 Linux 基金会的资深专家的评论意见。

为了更准确、客观、真实、完整地展现中国开源的现状，概略地撰写中

[一] 参见高文院士于 2020 年第 15 届“开源中国　开源世界”高峰论坛上的报告。

[二] 2021 年 5 月，中国开源软件推进联盟（COPU）首次发布《2021 中国开源发展蓝皮书》。

国开源的发展历史，描绘中国开源发展的节点和准则，揭示中国开源的短板，提出发展愿景，蓝皮书的发布有重大意义。

当今开源已成为全球流行的一种创新和协同模式（创新主要指技术创新；协同主要指共建生态和供应链），已成为推动互联网和深度信息技术（云、物、社、移、大、智、区等）发展的基础与动力。

在这里，我想谈一下开源含义的变迁。

1）早期开源仅限于开源软件（即早期开源的含义为开源软件）。

2）20 世纪 90 年代在美国兴起创客潮，创客在板卡上按照开源的硬件设计，构建简易的通用计算平台，并配用相关开源软件，以此作为实现创新的模式。这时人们把开源看成“开源软件 + 开源硬件设计”。今天还有不少人认为开源就是“开源软件 + 开源硬件设计”，其实他们的观念已落后于时代。

3）如今开源已发展成一个庞大的体系，包括开源软件、开源硬件、开源技术、开源生态、开源许可证、开源社区、开源教育、开源文化、开源基金会、开源经济、开源产业、开源商业模式等。

早在 2010 年 COPU 就率先提出了（后不断完善）开源的基本理念或开源文化的主要特征，即开放、共享、协同、自由、民主、绿色（开放指开放环境、开放标准、开放源码、开放治理，共享指资源共享，协同指协同开发、协同作业、协作生产，自由指自由传播以及自由发布、自由复制、自由修改、自由再发布，民主指创新民主化，绿色指可再生能源和绿色环境）。

开源社区的开发机制是开放环境、分布格局、社区组织、自由参与、集体开发、协同创新、资源共享、民主讨论、测试认证、对等评估、维护升级。

1970 年是 UNIX 元年，世界开源运动实质上从此开始。国际上一些开源领袖在其报告中谈到“陆教授是中国引进 UNIX 第一人”，实在不敢当！实际上在 1991 年我与张克治、杨天行一起策划与 AT&T-USG 合作时，我们组织了全国 200 多位软件专家和程序员翻译、编辑并推出了 UNIX SVR4.2 中文版本（并于 1992 年 12 月与 USG 合资成立了中国 UNIX 公司）。我们组织了 UNIX 新版本的编辑委员会，由杨芙清、胡道元、仲萃豪、刘锦德、尤晋元、贾耀良、孙玉芳等国内资深专家组成。

当时中国是除美国外唯一取得 UNIX 源代码的国家（或者说当时我们是除 AT&T 以及 UNIX 继承企业外唯一掌握 UNIX 最新版源代码的单位），这在当时是国内外（包括 AT&T、Bell Labs 在内）所公认的。所以，从实质上说，1991 年是中国开源运动的起始时间。

1999—2000 年，中科红旗、中软股份、冲浪科技（及稍后的共创开源）等一批企业，在剪裁、复制、修改 Fedora/Red Hat Linux 发行版的基础上分别推出了 Linux 中文版，从而推动了中国开源产业在萌芽期的成长。

2004 年中国开源软件推进联盟（COPU）成立，大力推动国内开源的发展；同年，COPU 建立了中日韩“东北亚开源软件推进论坛”，以扩大开源的国际合作；2015 年我们聘请一批由世界开源领袖、资深大师组成的“COPU 智囊团”（第一届智囊团的高级顾问有 22 位大师），在国内形成了一块闻名全球的“开源高地”（推动了国内开源运动的发展，并吸引了国际开源高端人才）。

在中国开源运动早期，中国人只是国际开源资源的使用者，但自 2008 年始，中国人开始成长为国际开源资源的贡献者，近几年已成为主要贡献者之一。

华为、阿里巴巴、腾讯、百度、小米等一批有实力的中国 IT 公司、互联网企业，十几年来一直拥抱开源，如今它们不仅在开源技术方面位于前列，而且在 IT 经济中处于领跑者地位。

中国开源发展很快，如今已接近或达到世界先进水平，华为、阿里巴巴等一些有实力的 IT、互联网企业开始进入世界领跑者行列，还涌现出杰出的开源领袖。

近年来，基于开源的深度信息技术发展很快，如大数据（应用平台 Hadoop、Spark、Storm 等均基于开源技术）、云原生（+Kube 调度）、基于开源的区块链（超级记账 Hyperledger），人工智能更离不开开源（开源可加速人工智能开发，强化维护，消除发展瓶颈，推动生态建设和供应链组建）。

蓝皮书指出，中国开源的生态、支撑系统，如开源教育、标准化、立法、知识产权保护，以及开源社区、基金会、风险投资，还有操作系统生态建设方面，近年来取得了较大进步，但尚需继续努力，要在现有基础上更上一层楼！

（2021 年 5 月 6 日）

附件：国际开源大师 Jim Zemlin 点评《2021 中国开源发展蓝皮书》摘要㊀

中国开源发展很快，如今已接近或达到世界先进水平，一些企业开始进入世界领跑者行列，还涌现出杰出的开源领袖。

我们期望中国在开源的教育、标准化、立法、知识产权保护，以及开源社区、基金会、风险投资等方面的建设，在已取得很大进步的基础上更上一层楼！

3.3 人工智能何处去

3.3.1 人工智能如何走向新阶段㊁

2019 年 8 月 8 日，针对当时世界性的热门话题——“人工智能如何走向新阶段？基础理论抓什么？”，我们感到有必要建立一个公开评论的平台（在 CSDN 网站上发布），邀请或吸引国内外专家、草根（不拘一格）以跟帖方式参与讨论，集思广益。到 2021 年 1 月 15 日（约 1 年半时间），我们公布了来自国内外的 645 条跟帖，其中不乏真知灼见，并且完全覆盖今天国内外人工智能的发展前沿！我们创办跟帖讨论平台有一个优势：我们在国内外科技界、

㊀ 摘自他于 2021 年 4 月为《2021 中国开源发展蓝皮书》发布所写的祝贺词。

㊁ 本文为陆首群教授在《人工智能跟帖》收到国内外的 645 条互动交流信息后，撰写的小结。

企业界高层有广泛的人脉，几十年来我们在国内外结识了不少开源、ICT、AI、数学、哲学等领域的专家朋友（其中有不少大师），以及朋友的朋友。人工智能讨论平台是以国内外专家评论（包括摘引的）为骨架，以发布跟帖方式启动的。

众所周知，中国发展人工智能受到美国打压。如果中外专家、名人要跨洋跟帖，就人工智能交换意见，很可能被纳入黑名单，以致难以成事。这时我们发表公开声明：我们倡导的跨洋跟帖属于公开的、开源的性质，以此对抗打压，受到国内外专家欢迎。“公开、开源”的提法具有免疫力！

在已发表的645条跟帖中，从评论机器学习/深度学习那些不可解释的人工智能的初级阶段开始。今天人工智能的繁荣正是基于机器学习/深度学习，说它们已近天花板（已经没有发展潜力）是不妥的。谈到人工智能的出路在何处，我们归纳了大量跟帖中列出的4条内容（包括研发基础理论）：①打破机器学习的黑盒子，研发可解释的人工智能；②基于异步脉冲神经网络的神经拟态计算系统；③依托大规模语义网络（知识图谱）的支持，实现认知智能解决方案；④脑机接口的理论和实践。目前①已成为全球的热点，②已见亮点（国内外已有先例），③还差最后一公里（国外有些开源大师对我说差距还很大），④在国内外已有十几例试点（用于帕金森病、中年忧郁症、儿童自闭症的诊治及中风、癫痫病人的辅助治疗）。

最近，有关专家质疑由人工智能不同学派提出的上述四个发展途径，认为人工智能的不同学派互不相容，单打独斗，缺乏哲学的和科学的全面统一范式的理论基础，缺乏整体观，它们只是从不同侧面模拟人类心智（大脑），各自提出的“发展路径”均有片面性。专家们的建议是从改革、融合、统一的人工智能发展范式出发，提出发展下一代强（或超强）人工智能的思路。专家们也将其思路汇集到跟帖中来讨论。可是专家们提出的思路尚属于概念或构想，离解决方案还差得很远，因此专家们提出的质疑刚一露头，就有人提出质疑的质疑。我们欢迎这场辩论。

必须指出，当今世界已进入“量子计算+人工智能+基因科学”的新时代，而且时代之声呼吁拥抱开源。在发布人工智能跟帖时，专家们也将发布与之密切相关的量子计算（及量子通信）、深度信息技术、基因医疗的跟帖。

现在的问题是针对“人工智能向何处去?”的跟帖评论要不要继续办下去? 回答是：它深受国内外欢迎，呼吁应继续办下去！本集是人工智能国内外跟帖评论的第 8 集（585 条—645 条)，我们还将办好“人工智能国内外跟帖评论续集”，从第 9 集（或从 646 条跟帖）开始！

（2021 年 1 月 15 日）

3.3.2《中国人工智能发展报告 2020》的商榷之处

看到由清华大学与中国工程院专家撰写的《中国人工智能发展报告 2020》[㊀]，我深受启发，但在读到人工智能未来重点发展技术方面，感觉似有商榷之处：

1）国内人工智能研发通常忽略机器学习 / 深度学习处于不可解释状态，认为其潜力已经挖尽。其实正是它支持了今天人工智能的繁荣。20 世纪末抗生素产生了抗药性，麻省理工学院的科学家通过深度学习模型，对 2300 多种抗生素药物进行训练，研发出能够解除抗药性、杀死耐药的超级细菌的全新抗生素；Google 的科学家利用深度学习训练蛋白质，研发用于基因医疗的 AlphaFold；英国基于机器学习研发了全球首架由人工智能控制的喷气式高超音速六代机——“暴风雨”战斗机（原型）；国内外一批科学家基于机器学习研发新材料、新药物；自动驾驶、无人驾驶发展很快，它也是基于机器学习发展起来的。

2）谈到人工智能未来技术的发展，报告中虽然也提到了可解释性人工智能，但并未突出！后来，两位清华大学教授也发表了意见：2020 年 12 月，沈向洋教授提出，我们需要拥抱开源，我们的创新第一是人工智能，最重要

㊀ 2021 年 4 月，中国工程院 - 清华大学知识智能联合研究中心、清华大学人工智能研究院联合发布《中国人工智能发展报告 2020》。

的事情是要做可解释的人工智能；2021 年 1 月，姚期智院士提出，人工智能第二大技术瓶颈是机器学习算法缺乏可解释性，很多算法处于黑盒子的状态，亟待突破。

3）报告中谈到未来发展重点：神经形态硬件、知识图谱、知识指导自然语言处理。神经形态硬件是否可调整为异步脉冲神经网络及神经形态计算系统；知识图谱、知识指导自然语言处理是否可改写为大规模语义网络（知识图谱），而且其距离实现认知智能还差最后一公里。

报告中赞扬清华大学是唯一入选全球人工智能高层次学者数量 Top 10 的中国机构。对此国人是持有异议的，清华大学、北京大学培养的本科生大部分赴美未归，在硅谷的清华大学出身的 IT 专家（大多搞人工智能研发）约 2 万人，不过 2016 年以后出现了人员回国潮。一些回到清华大学的资深海归高层次学者，如姚期智、沈向洋、沈寓实、王卓然等，是否统计在报告中所列的 Top 10 之内。

附件：清华大学 - 中国工程院联合发布《中国人工智能发展报告 2020》

2021 年 4 月清华大学 - 中国工程院知识智能联合研究中心、清华大学人工智能研究院和中国人工智能学会联合发布了《中国人工智能发展报告 2020》，其核心内容主要有以下 10 点：

1）总结了过去 10 年的十大人工智能研究热点。

2）过去 10 年有 5 位人工智能领域学者获图灵奖。

3）顶刊获得最多奖项的是计算理论、安全与隐私、机器学习。

4）人工智能引用量最高的头部主题来自机器学习、计算机视觉领域。

5）中国在多媒体和物联网领域超过美国，在其他多个相关领域紧跟美国，处于世界前列。

6）全球范围内中国人工智能学者数量占 9.8%，美国是 62.2%。

7）清华大学是唯一入选全球人工智能高层次学者数量 Top10 的中国机构。

8）京津冀、长三角、珠三角地区为国内主要高层次人工智能人才聚集地。

9）过去 10 年中国专利申请量位居世界第一，是第二名美国的 8.2 倍。

10）人工智能未来重点发展的技术方向包括：强化学习、神经形态硬件、知识图谱、智能机器人、可解释性人工智能、数学伦理、知识指导的自然语言处理等。

3.3.3 打破机器学习黑盒子，实现可解释性人工智能[⊖]

机器学习 / 深度学习是一种强大的数据分析工具，是弱人工智能的代表。但机器学习 / 深度学习也是有缺陷的，它本质上是一项暗箱技术或一个盲模型，其训练过程不可解释、不可控制。图灵奖得主、贝叶斯网络之父 Judea Pearl 早在 2018 年就指出，当前机器学习理论有局限性，完全以统计学或盲模型（黑盒子）的方式运行，无法成为强人工智能的基础；人工智能大师 Yoshua Bengio 谈到，近年来，以深度学习算法为代表的人工智能技术快速发展，在计算机视觉、语音识别、语义理解等领域实现了突破，但其算法并不完美，有待继续加强理论研究；图灵奖得主、算法大师 John Edward Hopcroft 在 2019 年指出，对深度学习这个黑盒子，人们知道它在学习，但不知它怎么学习，人类可能会在 5 年后大体得出深度学习的数学理论；COPU 于 2020 年 6 月指出，机器学习 / 深度学习必须克服其自身的缺陷，打破黑盒子痼疾，实现可解释的人工智能，建立可解释的机器学习模型。

如今，可解释性人工智能（XAI）已成为全球人工智能研发的亮点。

早在 2019 年 8 月，COPU 就提出研发 XAI 的任务，这在国内是最早提出的，COPU 也是全球最早提出这个任务的机构之一。2020 年 12 月，沈向洋教授提出："拥抱开源，我们现在最重要的事情是要做可解释的人工智

⊖ 2020 年 6 月，IBM 在第 15 届"开源中国 开源世界"高峰论坛上做报告《可信任的人工智能》。自此，作者持续研究和追踪这一领域。本文是作者与 IBM 团队的讨论内容。

能。”2021 年 1 月，姚期智院士提出：“机器学习算法缺乏可解释性，很多算法处于黑盒子状态，这项人工智能的技术瓶颈亟待突破。”

2020 年 6 月，COPU 主办第 15 届“开源中国 开源世界”高峰论坛，邀请 IBM 副总裁 Todd Moore 在会上做“可信任人工智能（反欺诈、可解释、公平性）”的报告。至今，COPU 已收到全球研发可解释性人工智能的跟帖 48 条。但由于全球可解释性人工智能（XAI）技术尚未完全成熟，在研发 XAI 算法时，人们对各种演算程序（①确定 XAI 进入哪种分类方法；②采用哪种数据工具；③如何捕捉特征；④如何统计建模；⑤如何进行评估）的理解和使用存在差别，最后评估还只能靠人工，因此 XAI 演算结论或算法可能有出入，致使初涉者无所适从，不能很快自主掌握演算能力。为此，COPU 请 IBM 的副总裁 Todd Moore 和人工智能研究所的 CTO Animesh Singh 对 XAI 的具体案例进行解析和说明，COPU 向他们提出了 8 个问题：

1）请 IBM 列出 XAI 的具体案例。

2）选用下列哪种方法进入运算？

- 可直接解释（内在解释）。
- 事后解释。
- 全局可解释。
- 局部可解释。

3）选择什么工具？

- 如决策树、规划库、抉择表等。

4）如何捕捉特征？

5）如何建模？

6）如何找到算法？

7）如何进行评估？

8）不仅要导出本案例结果，还要使 XAI 在使用中确定是否能保持信任、公正、透明和可解释。

（2021 年 5 月 16 日）

附件：可信任的人工智能——人工智能可解释性方法总结、案例分析及前景展望（摘要）[一][二]

应陆首群教授邀请，IBM 全球副总裁 Todd Moore 于 2020 年在 COPU 第 15 届高峰论坛上介绍了 IBM 基于开源的可信赖人工智能及人工智能可解释性。该演讲在全球范围内受到了广泛的关注和讨论。2021 年陆首群教授再次邀请 Todd 就人工智能可解释性案例做进一步分析[三]。Todd Moore 和 Animesh Singh 在 2021 年 COPU 第 16 届高峰论坛上对 IBM 基于开源的人工智能可解释性案例做了分析。会后陆教授要求 IBM 就人工智能可解释性案例做详细分析和说明。我们写了“可信任的人工智能——基于开源的人工智能可解释性探讨及案例分析”并在 COPU《深度信息技术专辑》第 4 期发表。陆首群教授非常关注我们有关可信 AI 的技术，特别是 AI 可解释性的方法和案例。陆教授基于我们在《深度信息技术专辑》第 4 期的文章提出了有关 AI 可解释性的 8 个问题，并邀请我们再写一篇文章详细阐述那 8 个问题是怎样在案例里解决的。陆教授的热情激励我们又写了一篇文章详细总结了人工智能可解释性方法，分析了 AI 可解释性怎样帮助银行贷款、个人医疗支出预测和皮肤镜检查的三个案例，并展望了 AI 可解释性及可信 AI 的前景，该文章发表在 COPU《深度信息技术专辑》第 6 期。

1. 人工智能可解释性方法总结

1）选择演绎方法（如决策树：树干指向演绎目标，树枝指向特征）。

- 用简单的、结构清晰的模型来解释复杂模型。
- 从特征与目标之间的关系来理解和解释模型。

特征重要性（Feature Importance），即在模型众多的特征中，计算出每

[一] 本文作者为程海旭博士，他针对可解释机器学习的三个案例进行演算程序的具体推导和说明，使可解释机器学习落到实处。

[二] 程海旭，毕业于澳大利亚国立大学。现任 IBM 大中华区首席标准及开源技术官和 USITO 标准组主席。专注于标准化和人工智能、云计算、区块链等开源技术研究。

[三] 陆首群教授认为，案例演绎是否准确决定了可解释人工智能演算的成败，这是他与 IBM 人工智能专家反复就此问题进行讨论的背景。

一个特征的重要度值。从这些值的排序中可以看到哪些特征重要，哪些特征不太重要。

2）选择特征。

特征的选择基于既有的数据（客观存在）和一些主观经验，可以使用以下方法：

- 相关关系（Correlation）法。
- 模型选择法。
- 经验判断。
- 自动建模技术（Auto AI）。

3）依据特征和数据建模。

当数据比较充足和完整时，我们使用“选择特征”中的方法，使用现有的各种建模算法（包括传统机器学习算法、XGBoost、深度学习等），结合具体业务开发模型。典型的 AI 模型算法众多，具体选择什么算法还要根据业务需求而定。

4）根据模型求解算法。

一般而言，当选择了特定的 AI 模型后，该模型的求解算法就已经存在。通常业务逻辑比较复杂，需要在 AI 模型结果的基础上，基于业务需求，二次加工。

5）在计算基础上进行评估（人工或机器）。

对 AI 模型预测结果的评估有通用的评估方法，数据一般会随机分为训练数据和测试数据两部分：训练数据主要用来训练模型，使模型学习数据中的规律；测试数据用来对学习的结果进行评估，主要是从准确度角度，通过比较目标的观测值和预测值来进行评估。

6）进一步研究是否达到公平、公正、可信。

AI 模型的结果是从训练数据中学习到的，如测试准确度达到了要求的指标，首先说明模型是准确的，且完成了从数据中学习规律的任务，这是基于提供的数据是“可信的”。但训练数据可能并不完整，导致训练的模型以偏概全或偏向。IBM 相关产品（如 OpenScale）可提供公平的检测能力。

2. 人工智能可解释性案例分析

1）案例分析一：AI 可解释性在银行贷款业务中的应用。

本案例基于银行的业务需求（利用机器学习辅助银行信用贷款审批流程）和业务对象（数据科学家、信贷员、银行客户）对于可解释性的不同要求，利用 AIX360 工具集构建可直接解释的模型，并为模型的使用者——信贷员和银行客户提供不同角度的解释策略。此场景中涉及三种类型的用户：数据科学家，在部署之前评估机器学习模型；信贷员，根据模型的输出做出最终决定；银行客户，想了解申请结果的原因。

2）案例分析二：可解释人工智能在个人医疗支出预测问题中的应用。

保险公司或者雇主想知道投保人或者员工未来一年的个人医疗支出，因为他们需要支付这些人的医疗费用。案例选取了 AIX360 中的两种全局可解释模型 LinRR 和 BRCG 来做预测。LinRR 是一种广义线性规则模型，它产生一系列“AND”规则并学习这些规则的权重得到线性组合。BRCG 模型只产生简单的“OR of AND”分类规则。LinRR 模型兼顾了准确性和模型的可解释性，在这个案例中用来做个人医疗支出的回归预测。

3）案例分析三：可解释人工智能在皮肤镜检查中的应用。

皮肤镜检查是临床医学中的一个重要应用，具体过程为：医生使用皮肤镜获取的皮肤图像，来诊断包括皮肤癌在内的多种皮肤疾病。而深度神经网络的发展，使其能代替医生根据这些皮肤镜图像来判断皮肤疾病的种类。尽管某些深度神经网络模型的诊断能力甚至已经超过皮肤科专家，但这些模型却存在可解释性的问题。本案例使用 AIX360 中的 DIP-VAE 捕获可解释的高维隐藏特征，进而帮助建立可信度高的机器学习模型。

3. 可信 AI 前景展望

1）其他解释性技术。

IBM 除了 OpenScale，还有其他产品（如 SPSS Modeler、SPSS Statistics）也涉及模型解释。例如，当模型的结构特别复杂或者其结构很难解释时，我们可以从特征与目标之间的关系来理解和解释模型，从宏观上看多个特征与目标之间的关系，这有助于理解模型，对模型有宏观的、整体的认知。

2）构建可信 AI 的原则及技术和产品。

在 COPU《深度信息技术专辑》第 4 期我们详细介绍了 Linux 基金会 Data & AI 提出的构建可信任 AI 系统的 8 个原则，除了本文介绍的**可解释性**，以及上面提到的**公平性**外，还有**隐秘性**、**安全性**、**健壮性**、**可重现性**、**负责性**和**透明性**。这些原则相互依赖和影响，共同作用以构建可信任的 AI 系统。

3.3.4 人工智能应向何处去

今天，全球人工智能的主体是机器学习 / 深度学习 / 增强学习，都是处于感知阶段的弱人工智能。

我们讨论人工智能的发展，提出“人工智能应向何处去”的课题，即讨论有哪条路径可通向下一代强人工智能，现综述如下。

1. 改进、创新、重塑机器学习 / 深度学习模型和算法，繁荣应用场景；拥抱开源，打破机器学习 / 深度学习黑盒子，实现可解释性，通向下一代强人工智能之路

今天，机器学习 / 深度学习仍是一个全球非常活跃的人工智能研究领域，由机器学习 / 深度学习模型和算法（迄今全球已开发了 3 000 多种模型、800 多个算法）支持的各种应用场景，包括图像识别、语音识别、自然语言处理、自动驾驶、新材料研制、新药物研制，以及基因医疗、全新一代抗生素、首架六代机原型等，丰富多彩、特别现实！

机器学习 / 深度学习是一种强大的数据分析工具，但它也是有缺陷的，它本质上是一项黑盒子技术或一种盲模型，其运行方式和训练过程不可解释、不可理解、缺乏推理机制，它还是一种处于感知阶段的弱人工智能。有人说，机器学习 / 深度学习的潜力已尽，其发展已达天花板，今天的人工智能又处于一个低潮期，这种说法是毫无根据的。

2020 年，人工智能“巨镇”Google 发表了一份报告——《2020 年人工智能十大领域的发展与成就》。该报告认为，机器学习 / 深度学习仍是 Google 今天研发的重点（占其全部人工智能研发项目的 70%），它特别强调，对机器学习 / 深度学习要加深理解，改进创新，并将继续系统地重塑其算法与模型的基础理论。这对我们思考“人工智能应向何处去”是有参考价值的。拥抱开源，打破机器学习 / 深度学习黑盒子，实现可解释人工智能，尤其是今天我们研发的重中之重！只有拥抱开源，实现了可解释性，才能将机器学习 / 深度学习从弱人工智能提升到强人工智能的高度。

早在 3 年前，COPU 就在全球率先提出了研发可解释性机器学习问题，迄今已汇集全球 50 多家研究机构在这方面的研究成果。可是，由于可解释性人工智能（XAI）技术尚未完全成熟，可解释机器学习的模型和算法的建模及演绎程序尚有不确定性，最终评估还要靠人工，因此可解释机器学习 / 深度学习尚难以推广使用，还有待研发完善。但可以预见，在不久的将来，打破机器学习 / 深度学习黑盒子，实现可解释的人工智能，不失为一条通向下一代强人工智能的成功之路。

2. 从研发基于异步脉冲神经网络的神经拟态计算系统出发，期望走上通向下一代强人工智能之路

全球研发异步脉冲神经网络和神经拟态计算系统表现突出的有：

1）2017 年英特尔发布 Loihi 脉冲神经网络芯片（14 nm 制程，按人脑机制，将训练和推理整合到一块芯片上，实现了存储与计算融合）。

2018 年 3 月，英特尔组建神经拟态研究社区（INRC），其成员有 IBM、HP、麻省理工学院、普渡大学、斯坦福大学、埃森哲、日立公司、空中客车、通用电气等，主要开展多模态、实用场景应用的研究，以及开展对非结构化数据实时要求高的场景（如机器人、无人机）的应用研究。

2020 年 3 月，英特尔公布其最大规模神经拟态计算系统 Pohoiki Springs，包含 1 亿个神经元，堪比小型哺乳动物的大脑容量！ Pohoiki Springs 将 768 块 Loihi 神经拟态研究芯片集成在 5 台标准服务器大小的机箱中，运行时的功

率低于 500 W。

2021 年 10 月 2 日，英特尔推出第 2 代神经拟态芯片 Loihi 2（7 nm）和全新的 Lava 软件框架，并将 Lava 与 INRC 融合在一起。Loihi 2 和 Lava 为研究人员开发并塑造新的神经启发应用提供了工具。

2）2018 年由英国曼彻斯特大学研究人员牵头的欧洲团队完成了 SpiNNaker 超级计算机的建造。它可以通过 100 万个处理单元模拟多达 10 亿个神经元的内部运作。人类大脑中大约有 1 000 亿个神经元，通过数以万亿计的突触交换信号。

3）2019 年 8 月，浙江大学发布自主开发的“达尔文 2”芯片。每颗芯片有 576 个内核，每个内核支持 256 个神经元，每颗芯片支持 15 万个神经元。

2020 年 9 月 1 日，由浙江大学联合之江实验室发布的由 792 颗芯片集成的神经拟态网络（1.2 亿个神经元、300 亿个突触组网）正在逐步走向应用场景。

总的来说，全球类脑计算发展还处于初级阶段，未来走向成熟需要硬件、软件、算法的共同进步，也需要应用场景的配套开发。可喜的是，今天我们已看到基于异步脉冲神经网络的神经拟态计算系统向着下一代强人工智能（类脑计算）开始突破。

3. 采取数据、知识双驱动，立足于新知识工程，研发大规模语义网络（知识图谱）以支持实现认知智能

期望以大规模语义网络通向下一代强人工智能之路，目前存在较大难度，原因在于语义网络中缺乏逻辑推理机制，加上机器难以识别常识这个短板，攻关难度大，导致语义网络支持不力。

2011 年，IBM“沃森健康”（IBM Watson Health）就开启了以知识、数据双驱动，依靠语义网络的支持，开展医疗人工智能的先河。

2013 年 10 月，IBM 启动与安德森癌症中心的合作，进行人工智能医疗工作，2017 年 2 月终止合作。鉴于当时大规模语义网络支持智能医疗不力（无法实现认知智能），IBM 曾企图采用“具身”（Embodiment）的方式来弥补

语义网络支持力（算力）不足的缺陷。所谓具身，即要求 IBM 的人工智能科学家与临床医生结合会诊。这招并不顶用，IBM 又被迫退而求其次，采用弱人工智能的深度学习技术，但因采集的大数据资源不足，以及没有避开深度学习的缺陷，IBM 的第二招宣告失败。

4. 探索如何构建通用人工智能或第三代人工智能

现在有一些人工智能资深专家（甚至大师）提出要探索如何构建通用人工智能或第三代人工智能，他们要对人工智能学科范式及其基础理论进行颠覆性变革。

他们的学术思想尽管在细节上各有不同，但也有其共同点：

1）他们探索的目标是构建通用人工智能或第三代人工智能，不止于构建所谓下一代强人工智能，而是较之更深刻、更深入的未来第三代通用人工智能模式。

2）他们都认为，迄今为止一直存在相互竞争的人工智能范式（有人认为主要是符号主义、连接主义范式，也有人认为还有行为主义范式），这些不同范式（或不同学派）虽然各自取得了不少精彩成果，但均存在很大片面性，不可能取得人工智能的根本性突破。

3）他们提出，构建通用人工智能或第三代人工智能的发展模型是在改革、融合、统一不同学派的不同发展范式（有人主张要进行颠覆性变革）的基础上进行和实现的。

4）他们认为要探索通用人工智能或第三代人工智能发展之路，就要打通大规模语义网络支持实现认知智能这条通向下一代强人工智能的路径。过去我一直在讲距成功“还差最后一公里”，前几天在与人工智能语言语音语义大师 Daniel Povey 讨论时，他认为：“何止最后一公里！成功之路还很遥远！”

构思→理论研究→原型开发→发展定型（发展安全、可信、可靠和可扩展的人工智能技术与模式），它们都在路上，有人说已跨过了理论研究，进入了原型开发，似乎有些夸张，理论研究尚待进行。

我认为：

1）提出构建通用人工智能或第三代人工智能并不能阻止可解释性机器学习/深度学习模式、脉冲神经网络——神经拟态计算系统走向强人工智能的步伐。

2）打通大规模语义网络支持实现认知智能进入强人工智能的途径，也是实现通用人工智能或第三代人工智能必不可少的步骤。

建立通用人工智能或第三代人工智能，专家们现在正在进行理论研究，而要实现其成功，还是路漫漫！

（2021 年 9 月 15 日）

3.4 点评科研的四个范式[㊀][㊁]

科研创新范式在不断创新：从实验科学（第一范式）发展到理论科学（第二范式），再发展到计算科学模拟仿真的第三范式（第一至第三范式也称为传统科学范式）。在 21 世纪前 10 年，基于开源的大数据、云计算和人工智能等深度信息技术，利用大规模计算能力和知识自动化展开分析，以获得新的科学发现，这时的科研创新范式便是第四范式。

（2022 年 2 月 17 日）

附件：《人工智能驱动下的企业智能化转型》节选[㊂]

以某国有大型银行为例，其不断提升新一代人工智能的科技创新能力，

㊀ 陆教授在阅读国资委主管的《国资报告》2021 年 11 月刊上中《人工智能驱动下的企业智能转型》一文后，对第四范式进行点评。

㊁ 科研的 4 个范式最早由图灵奖获得者 Jim Gray 于 2007 年 1 月在美国国家研究理事会计算机科学与通信分会的大会上的演讲《科学方法的革命》中提出，后来中国一家 AI 创业公司以此作为公司名字，即第四范式公司。

㊂ 作者为第四范式创始人兼首席执行官戴文渊。

以企业级人工智能平台为底座，实现了在产品创新、客户服务、业务运营、风险防控等多个领域的全面智能化。

该银行在智能化起步阶段，就开始建设企业级人工智能平台，为数据科学家和数据分析师等建模人员提供了从数据引入、数据预处理到模型部署、模型服务、模型运营的全流程 AI 平台支撑，并建设人工智能联合实验室，开展了包括 AutoML（自动机器学习）在内的 AI 新技术探索，开发了反洗钱、反欺诈等的 AI 应用。

以业内领先的企业级人工智能平台为底座，它得以实现重点业务领域全面的智能化。在重构银行风控体系方面，从“事后预警”到“事中阻拦”，从滞后、被动、局部到实时、主动、全面的风险管理。AI 反欺诈模型嵌入每笔用户的动账交易，实现了交易过程中毫秒级的智能反欺诈识别和处理。在运营数字化转型方面，通过构建各类凭证的 OCR 识别等服务，该银行在业务集中处理、支付清算、单证业务处理、风险管理等方面大幅提升了业务处理效率。智能营销方面，该银行应用精准实时的 AI 决策更准确地感知用户“心中所想”，为用户提供基金、保险、存款类产品的个性化推荐服务。最终，利用人工智能打造实时主动的风控体系、自动高效的运营流程、单客专享的个性服务，并通过“金融 AI+ 服务”的规模化输出，不断延展金融生态圈，形成开放包容的人工智能创新机制与文化，该银行正在转型成为智能化企业新高地。

AI 决策赋能手机银行里的猜你喜欢、关联推荐、理财推荐等关键场景，可以实现月活跃用户人数（MAU）和客户在银行的可支配金融资产总量（AUM）的大幅提升。如果我们站在更高的高度思考，把手机银行当作一个网点、一个客户经理来看，“手机客户经理”的业绩逐步高于线下的客户经理，就达到了一个业务经营质变的临界点，即获得了一个边际成本趋近于 0 的高业绩客户经理，并且这个客户经理可以无限复制，让银行原有经营模式实现质变。

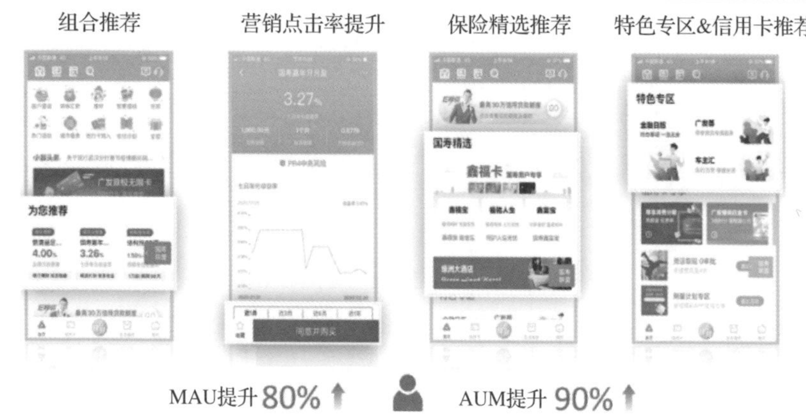

某国内领先商业银行的手机银行智能营销场景

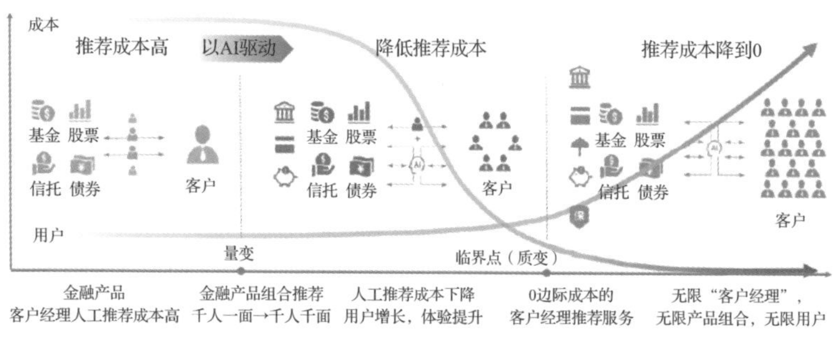

推荐成本趋近于0，实现银行经营的质变

智能化转型的核心，在于应用AI决策驱动经营质变

从信息化到互联网化，再到移动互联网化，企业在过去每个转型阶段都获得了一定程度上的业务腾飞。在移动互联网之后的智能化新阶段，企业尝试着各种方式，如5G、IoT、人工智能、大数据、区块链、数据中台等，朝着一个新的价值高点迈进。但我们应该如何界定转型成功？企业是否找到了打造下一个增长点的正确方法和路径？

第四范式认为，成功的转型不只是场景的落地，或是业务指标的线性提升，而是业务的指数级增长，是企业经营的质变飞跃。转型跟生产力变化高度相关，工业化、信息化、互联网化都是基于生产力工具的改变，推进智能化转型的最主要工具就是人工智能。以人工智能为底层技术、数据驱动的方式，做出更科学、更精细的 AI 决策，能够帮助企业形成商业模式的创新变革，实现经营的质变。

3.5 操作系统和生态

3.5.1 鸿蒙[㊀]

2021 年 6 月 2 日，鸿蒙 2.0 发布会召开（后来我才获知华为将鸿蒙捐赠给基金会孵化，这次发布会是开放原子开源基金会主办的）。我应邀写一篇点评鸿蒙的文章，拟作为发布会的暖场视频中的谈话内容。我同情华为受到美国政府以举国之力的无理蛮横打压[㊁]，并称道华为鸿蒙的抗压创新精神！

发布会后，大家都在热议鸿蒙，我也想谈谈对鸿蒙的一些看法：

① 华为研发鸿蒙（OpenHarmony，后来才命名）操作系统是抗压创新了不起的举措，鸿蒙的研发成功是一件了不起的成就。

② 我前几年著文提出，华为鸿蒙（当时不叫鸿蒙）的研发受到了 Google Fuchsia OS 微内核、跨平台设计思想的启发（其设计思想影响中外），但华为后来有所创新（提出多内核、多场景、分布式总线架构等概念）。

③ Fuchsia 原以万物互联为目标，先从微内核、物联网（IoT）的跨平台起步，但手机和 PC 仍是其跨平台发展的重点目标。Fuchsia 的开发周期自 2015 年始，历经 6 年，至今 Google 声称已通过手机（华为的 Nexus 6P）和 PC（英特尔的 NUC）的搭载测试，但由于其在与不同硬件平台之间保持通信能力方面尚存在一些技术障碍，以及在取代原有操作系统（如安卓、iOS 以至 Windows）方面尚存在一些兼容性盲点，所以很难说其开发设计已完全成功！

㊀ 本文是陆首群教授在鸿蒙 2.0 发布会的暖场视频中的谈话。

㊁ 美国商务部以有碍美国国家安全和外交利益为由先后在 2019 年 5 月 16 日、2019 年 8 月 21 日、2020 年 8 月 17 日连续将华为以及华为非美属 115 家关联机构列入实体清单，限制美国公司和这些机构的商务、技术往来。

④ 鸿蒙的设计、开发的初心也是从微内核、物联网（IoT）的多场景（即跨平台）起步，但其在手机这个复杂的平台上遇到了困难。我一直关注该新颖操作系统搭载手机的测试，迄今为止并不顺利！但华为迅速采取变招（可以说鸿蒙发展的灵活性就在于其变招）：从单内核（微内核）变为多内核（或三内核，即微内核、Linux 宏内核、Lite 物联网 OS），定义多内核、多场景应用的开发模式为“1 + 8 + N”，“1”为手机，“8”为智慧屏、音响、眼镜、手表、耳机、车机、平板电脑以及 PC，“N”为外设。其中，“1”采用 Linux 宏内核，“8”仍采用微内核。

有人在评论鸿蒙的多内核时称：“手机鸿蒙采用 Linux 宏内核的操作系统与智慧屏等鸿蒙采用微内核的操作系统本来是两种不同的操作系统，把它们生拼硬凑并统一称谓为鸿蒙操作系统，似乎过于牵强！”但我认为，不管如何，华为终于成功了，因为手机版鸿蒙操作系统终于成功冲破美国政府的打压（通过 EAR），让华为手机获得新生，这是值得称道的！

⑤ 手机版鸿蒙面临的最大问题是生态建设问题。搭载鸿蒙操作系统的手机应该是国际版的，因此需要同时开发国内、国际的生态系统。目前，虽然华为开发的 HMS（华为移动服务）在技术上可取代 GMS（谷歌移动服务），但仍有待于排除政治因素的干扰。

（2021 年 6 月 5 日）

3.5.2 欧拉（openEuler）

华为开发了两款开源操作系统，一款是鸿蒙（OpenHarmony），另一款是欧拉（openEuler）。我曾受邀对鸿蒙做过点评，现在受邀点评欧拉。

2019 年 9 月 19 日，华为开源其服务器操作系统 EulerOS，开源后命名为 openEuler。

openEuler 作为一个操作系统发行版平台，每两年推出一个 LTS 长周期版本。该版本为企业级用户提供一个安全稳定可靠的操作系统。

openEuler 也是一个技术孵化器，通过每半年发布一次的创新版，快速集成 openEuler 以及其他社区的最新技术成果。创新版本里的新特性经打磨验证成熟后汇集到长周期版本中，使之具备创新性和稳定性的特点。

需要指出的是，openEuler 与 CentOS[⊖]虽然都属于不同的 Linux 服务器版本，但 openEuler 完全不同于 CentOS，前者具有较高的原创水平，同时能够覆盖包括服务器、云、边缘计算和嵌入式在内的全场景。

对于 Linux 内核，华为做出了巨大贡献，10 余年来向社区贡献了 17 000 多个补丁，对 Linux 内核 5.10 和 5.14 版本，华为团队的 patch 贡献量排名全球第一。在内核创新上，如新介质文件系统，在被国际推崇、自创的 F2FS-EulerFS 取代旧有的 Ext4 等方面，华为有诸多原创项目贡献。

目前，麒麟、统信、SUSE、中科创达等国内外的主流操作系统厂商都基于 openEuler 发布了自己的商业发行版。openEuler 也覆盖了包括 ARM、X86、RISC-V 等多种芯片架构，鲲鹏、飞腾、兆芯等国内芯片厂商都加入 openEuler 开源社区。openEuler 的操作系统生态已经完整地建立起来。

华为作为 openEuler 开源社区的创始企业，通过不到两年的社区化运作，已让社区从由华为一家贡献过渡到由数百家厂商、上万开发者联合贡献。openEuler 今年 9 月发布的创新版本由来自社区的数十家厂商和 869 位开发者协同参与开发、贡献代码；昨天 openEuler 正式宣布捐献给开放原子开源基金会进行孵化，我相信这将更能体现开源的开放、共享、协同开发的威力。

当今，拥抱开源的 openEuler，作为数字基础设施的根技术，将成为推动数字化变革、数字化转型、智能化重构的关键。

（2021 年 11 月 10 日）

⊖ CentOS 是 Red Hat 运作的一个开源项目。该项目使用 Red Hat Linux（RHEL）的公开代码构建了一个免费、开源的企业级操作系统平台。2021 年 12 月 8 日，红帽公司宣布 CentOS 8 的生命期在 2021 年年底结束，不再继续维护，而 CentOS 7 也将在生命期到期后停止维护。

3.5.3 欧拉（openEuler）和龙蜥（Anolis OS）

最近欧拉（openEuler）与龙蜥（Anolis OS）发布了，引起了一番议论，多数是赞扬的，也有一些不同声音。

有人说两者都是 Linux 操作系统发行版

其实这是 Linux 发展中的一件好事。

自 Linux 诞生以来，发展很快，但重点一直放在建设 Linux 内核（Kernel）上面，作为用于桌面的 Linux 操作系统，主要代表是 Red Hat 和 SUSE 的操作系统；不少人认为智能手机的安卓（Android）操作系统不算 Linux 操作系统（只是采用了 Linux 内核），但 Linux 创始人 Linus Torvalds 认为安卓也是 Linux 操作系统；Intel、Nokia（以及后来的三星）"绑架" Linux 基金会，将它们开发的 Meego（及后来改造为 Tizen）命名为 Linux 操作系统，但失败了。所以 Linux 在 PC 桌面系统的全球市场占有率一直只有 2% 左右，这是很低的水平。Linux 开发者不满足于这种状况，于是在采用 Linux 内核的基础上开发了一批 Linux 操作系统衍生版，如 2019Linux 系统 Top100 排行榜（部分）：

1. MX Linux
2. Manjaro
3. Linux Mint
4. Debian
5. Ubuntu
6. elementary
7. Solus
8. Fedora
9. Zorin
10. Deepin

11. antiX
12. CentOS
13. KDE neon
14. PCLinuxOS
15. ArcoLinux
16. openSUSE
17. Pop!_OS
18. Arch
19. Kali
20. Puppy
21. FreeBSD
22. Lite
23. ReactOS
24. Peppermint
25. EasyOS
26. EndeavourOS
27. SparkyLinux
28. Lubuntu
29. Slackware
30. Tails
……

其中，受到国内借鉴的主要有Deepin、Ubuntu、Fedora、CentOS、openSUSE、Lite、Lubuntu、Slackware。

Linux操作系统发行版可分为产品版、企业版、网络版三个等级

随着发行版等级的提高，用户要求发行版满足越来越严格的工作负载的需求，即要求性能、可靠性、稳定性、适应长期运行的安全性越来越高。

Red Hat 开发的 CentOS 是 Linux 企业级服务器操作系统版本 RHEL 的克隆，RHEL 开发团队的一些人组成社区以倒逻辑方式开发了 CentOS，CentOS 社区不是 Fedora。

openEuler 与 CentOS 是不同的企业级 Linux 服务器的社区版，但 openEuler 完全不同于 CentOS，openEuler 沿袭 Red Hat 的 RPM 技术路线，使之能提供企业级 Linux 发行版。openEuler 还可向用户提供网络版（或电信版），以满足长期可靠性和稳定性的要求。Anolis OS 有 RHCK 和 ANCK 两种不同版本的内核，其中 RHCK 与 CentOS 8 内核同源，可兼容 CentOS 8 的生态，也可代替 CentOS，但决非 CentOS 8 换壳。ANCK 完全是自创的，已在阿里云全网使用，其稳定性经受了规模化验证。Anolis OS 也能提供企业级及电信级的 Linux 发行版。

Anolis OS 和 openEuler 先后捐给开放原子开源基金会，绝不是有人说的"它们因不能赚钱而甩锅给基金会"，也不是为图虚名（而且要指出，基金会就是它们出钱组建的）

将原创技术开源后申请到基金会孵化，这是近几年国际上出现（中国也参与）的新事物。这次中国走进了全球首批改革创举的前列，十分有远见！

把原创技术申请到基金会孵化，有利于集结开发者力量，共建生态和供应链，避免过度分散，可加快创新。

以 openEuler 开源社区为例，该社区已汇集数百家厂商、3 万名开发者，捐献给基金会后，将能汇集更大力量。目前 openEuler（社区创新版）已支持麒麟、统信、SUSE、中科创达等主要合作伙伴开发其商业发行版，相信在这次会议后将有更多企业前来拜庙！

Anolis OS 也是如此，由阿里云、统信软件等 14 个单位联合将开源的 Anolis OS 正式捐献给开放原子开源基金会进行孵化，而 Anolis OS 商业发行版将由统信软件、中移动云、中科方德等企业推出。

这次 openEuler、Anolis OS 的捐献活动将有力推动我国开源的大发展！

openEuler 有无技术优势

我想专门谈谈这个问题，集中谈谈内核中的文件系统。

众所周知，Linux 内核中的文件系统是 Ext4，沿用至今，但很早就想改革。5 年前，Linux 基金会邀请 IBM 安全、文件资深专家曹予德设计了 Ext3/4 分区文件系统，并被 Linux 基金会聘用为 CTO，那时我也聘请他担任 COPU 的智囊团高级顾问，他还答应尽早访华，可是不久，他被 Google 挖走。当时华为从三星引进两位文件系统专家（一位是美国人），他们与华为工程师自创开发了 F2FS（号称 EROFS 超级文件系统），我曾与两位专家交谈，曹先生也告诉我他们自创的 F2FS 比较先进。2018 年，Google 在 Pixel3 手机进行 Fuchsia OS（微内核、跨平台）试验，就优选华为的 F2FS 文件系统，现在 openEuler 的 EulerFS 文件系统就是脱胎于 F2FS 的。

（2021 年 11 月 12 日）

3.5.4 在优麒麟 16.04 发布会上的讲话

借今天优麒麟 16.04 发布之际，祝贺“天河二号”[㊀]超级计算机（浮点运算速度为每秒 3.39 亿亿次）第 6 次在全球夺冠！“天河二号”有两种操作系统：服务节点操作系统和计算节点操作系统。优麒麟用于服务节点操作系统，本着自主、协同开发的原则，CCN 联合实验室、国防科大的开发者除采用中文输入法，还采用一些特殊硬件，并自行开发了通信系统、文件系统、批处理作业系统和资源管理，还针对中文用户，进行定制和 UI 美化，独立开发、设计的安全模块也经受住了考验，协同开发了具有高效空间利用率和新型交互体验的桌面环境 Unity 7.4，他们开发的服务节点操作系统可以做到自主可控。今天，Linaro 公司的嘉宾也与会，我曾鼓励优麒麟像海思（华为）、阿里巴巴、中兴、联发科、展讯那样成为 Linaro 公司的会员。中方开发者除了采

㊀ 天河二号（又称银河系 2，型号 TH-IVB-FEP）是国防科技大学开发的异构超级计算机，安装在中国国家超级计算中心广州中心，并于 2013 年下半年投入运行。

用其他超级计算机沿用的 X86 处理器芯片外，还在全球率先采用 ARM64 兼容的芯片，并与 Linaro 合作开发、解决与 ARM 硬件适配的软件架构，我也祝贺你们合作成功。优麒麟 16.04 是基于开源、采用“互联网 + 创新 2.0 模式”开发的，一开始就获得了中国开源软件推进联盟、Linux 基金会、Ubuntu 开源社区及 Canonical 公司的全力支持。我们也盼望“天河三号”超级计算机在进一步创新的基础上早日发布！

（2016 年 4 月 21 日）

3.5.5 在优麒麟 20.04 LTS Pro 0620 更新版本发布会上的致辞

很高兴参加优麒麟 20.04 LTS Pro 0620 更新版本的发布会！

优麒麟是一款优秀的自主开发的开源操作系统。我没有直接参加优麒麟的开发，但我对优麒麟的诞生、成长和完善的全过程还是了解的。

我在 2016 年 4 月 21 日应邀在“天河二号超级计算机优麒麟 16.04 发布会”上有一个讲话，这是在你们获国家大奖之前讲的，实事求是地赞扬，没有一点奉承的意思。

当时我讲，按自主、协同开发原则，开发了服务节点和计算节点两种操作系统，除采用中文输入法和一些特殊硬件外，还自主开发了通信系统、文件系统、批处理作业系统和资源管理，开发完善 UI 和安全模块，开发具有高度空间利用率和新型交互体验的桌面环境 Unity 7.4。

优麒麟除与超算配套外，我还鼓励原来的麒麟软件能进一步完善优麒麟的生态环境，并邀请金融系统（银行、保险、证券）负责人与麒麟软件对话与合作。

我预祝优麒麟 6.20 发布会成功！并希望你们能组织有力的运维队伍，持续做好维护、升级工作，做好 DevOps。

3.5.6 为《深入理解并行编程》中文版作推荐语

Paul[㊀]是 Linux 顶级黑客，是 Linux 社区 RCU 模块的领导者和维护者，多次入选 Linux Kernel Summit 组委会。他曾在 IBM LTC 工作过，也曾在 Linaro 技术指导委员会工作 3 年。他的著作《深入理解并行编程》首版（开源、英文）在 2008 年就发行了，此后一直不断修订（包括其他人的贡献，可在 git 中查）。本书要点是，在适应多核硬件下提升并行软件的扩充性，以减少锁冲突，避免由锁竞争所引起的产品性能急剧下降，以及开展多核系统的设计、优化工作。在过去近 20 年，Linux 一直受到 Kernel 锁困扰，为彻底抛弃 Kernel 锁，作者及社区做出很大努力，但即便如此，Linux Kernel 仍然在大量使用不同种类的锁，不可能完全放弃。Paul 所维护的 RCU 锁在 Linux Kernel 各个子系统中被大量应用，是保证 Kernel 扩展性的基础技术，没有 RCU 就没有 Linux 现在优秀的多核性能和扩展性。在并行计算方面，Paul 对于锁、RCU 锁、SMP、NUMA、内存屏障（Memory Barrier）等并行技术有深刻的了解，且兼具近 20 年解决问题的实践经验。开发操作系统及其产品应用过程将会涉及大量多核系统的设计、优化、故障定位工作。中兴同仁翻译此书，将会提升我国开源系统软件的设计水平，对开发一批高端产品，提高我国开源人才培养，具有重大意义。

3.6 多个开源软件

3.6.1 领跑的开源软件 Apache[㊁]

Apache 社区今天到北京来召集国际的和本地的核心开发者、志愿开发者和使用者参加讨论会，Justin Erenkrantz 主席与会，足见 Apache 对这次会

㊀ Paul E. McKenney 是 Linux 内核的核心贡献者之一。

㊁ 2008 年 12 月 5 日，COPU 和 Intel、SUN、Google 一起赞助支持了一场名为"Apache Meetup Beijing"的见面会。作者应邀做开场致辞。

议的重视。这次会议的目的是要促进开源软件 Apache 的发展，特别是促进 Apache 在中国的开发和应用。对此，我是全力支持的。

我认为，Apache 有五个特点：

（1）Apache 社区是开源世界的优秀社区　它开发开源中间件软件、通常配置 Web 服务器和应用服务器。Apache 引领开源潮流，也是互联网的支柱。我曾对各种开源软件的不同技术发展阶段进行分类（分为最成熟、成熟、成长中、崭露头角、萌芽期这几个阶段），Apache 是“最成熟”的开源软件（之一）。

（2）Apache 社区向社会募集资金建立 Apache 基金会　虽然 Google、微软、雅虎、HP 等都是 Apache 的赞助者，但与别的基金会不同，这些企业“只出钱不干预”。作为决策机构的 Apache 社区理事会，是由社区 300 位核心开发者自由选举出来的（也可选举赞助商的人员），每个理事的人格是独立的，不受某一家或若干家企业直接或通过基金会间接的控制和干预，这是 Apache 基金会不同于其他社区基金会的地方。

（3）Apache 是非营利的开源组织　Apache 的开源许可协议类似于 BSD，也与麻省理工学院类似，比自由软件的 GPL 许可协议要宽泛得多。

（4）Linux、Apache 等开源软件在互联网上具有很大优势。2005—2006 年，Apache 的 Web 服务器在互联网上的占有率达 70% 以上，近年来虽有所下降，但还是维持在 50% 左右。微软的 IIS 服务器占有率目前已上升到 35%，直逼 Apache。对这个现象，我曾请教过 Apache 理事 J.Aaron Farr 先生，他说原因在于微软兼并的一些互联网网站，其中有些已经死了，但还统计在内。后来微软的专家告诉我，这种现象很普遍，Apache 也有。Apache 与 IIS 的差距最小到 15%，现在又稍稍拉开，至于未来走势如何，Apache 将采取什么对策，是否能继续保持优势，这次我想听听 Apache 高层的意见。

（5）关于 Apache 在中国的应用占比提升迅速　我手头有一个统计：2005 年，Apache 应用占国内 Web 服务器市场的 17.65%，在全球 175 个国家和地区中，位居倒数第二；2007 年 9 月统计，中国市场 Apache 应用占有率提升到 24.22%，中国在全球的位置有很大提升。

下面我想谈一点希望：

当前中国有多少 Apache 的爱好者、志愿开发者和使用者，我们尚无确切的统计数字，在 Apache 展示的未来 70 个开发项目中，有多少中国人参与，我也不甚清楚。我希望通过这次 Apache 来华举办的讨论会，中国开源软件推进联盟愿与 Apache 社区合作，把人才凝聚起来，把培训工作抓起来，把中国的 Apache 社区建立起来，扩大 Apache 在中国的应用，促进中国人对 Apache 多做贡献。

3.6.2 KaiOS

印度推出移动操作系统 KaiOS，据说已发展到了 2 亿用户，这时有人出来捧场，把 KaiOS 与安卓、iOS 并列为当今世界的三大移动操作系统，这种说法言过其实！

其实 KaiOS 完全是 FirefoxOS 的翻版。想当年，Mozilla 的总裁宫力先生主导开发 FirefoxOS，这是一款结构简易、轻量化的开源操作系统，其目标市场是发展中国家（主要是非洲、拉美市场），当时欧美响应者极少，在我国的合作者仅有中兴通讯和 TCL。在 FirefoxOS 开发之初，宫力邀我讨论并向我演示了这款操作系统，当时我认为 FirefoxOS 或许可搭载上网本使用，难以搭载智能手机或桌面（PC）使用，或许可开拓发展中国家一些市场，因为其很难成为一款主流的移动操作系统。

KaiOS 的短板是生态严重不足，它并不具有海量适配的应用程序（本想采用 HTML-5 这个跨平台脚本语言来建立应用生态，但未尽人意）。在印度，它只是搭载功能较少、较弱的功能手机（非智能手机），用户不少，但都在印度国内。

（2019 年 6 月 25 日）

3.6.3 首评 Fuchsia OS

几位朋友邀我评述近日曝光的 Google 开发的新操作系统 Fuchsia OS。因曝光的原始资料不多，加上 Google 的这项开发工作尚未完成，评述有困难，当然也可谈几点。

（1）Fuchsia OS 是一款用于物联网（IoT）的操作系统。时代在变化，由桌面（PC）到移动（终端），继而到物联网，IoT 也被人称为“第四次工业革命”的主要领域，物联网从消费者市场起步跨越到工业领域，以更快速度、更大规模取得进展。今天开发用于 IoT 的操作系统正是当务之急。

（2）IoT 要求操作系统小型化，即代码影像尺寸（内存空间）要小，响应要快（具有实时性）。Google 开发的 Fuchsia OS 应是一款符合上述要求的开源操作系统（其内核 Magenta 基于 Little Kernel，LK）。除 Google 外，微软、Intel、Qualcomm、ARM 也在开发 IoTOS，国内有关企业也正在开发中。

（3）由于其硬件平台碎片化、多样化的属性，更由于缺少一个适用且成熟的物联网操作系统，物联网至今尚未大规模普及。微软曾致力于让 Windows 10 操作系统运行在所有设备上，从 PC 到手机，早先也推出瘦身后的物联网版本的 Windows 10 IoT，但尚未成熟。

（4）Google 开发了用于 IoT 的 Fuchsia OS 操作系统，这是一款小型化、实时操作的专用操作系统，Google 还希望改变不同内核（Kernel）后，可将适用于 IoT 的 Fuchsia OS 操作系统扩展到也可适用于手机和 PC，跨度很大。而用于 PC 的操作系统似乎应是通用的兼容 Posix 的操作系统（只有如此才能充分利用现有庞大的软件生态）。我想 Google 开发 Fuchsia OS 用于 IoT 获成功不难，而要将 Fuchsia 扩展到 PC（在更换 Kernel 的情况下）似乎还有相当的难度。如下做法在排除兼容 Posix 的情况时或许能取得成功：构建良好的开发环境或利用充裕的开发资源，以开发 IoT 操作系统，并在采用不同内核条件下同时开发跨平台（从 IoT 到移动终端到 PC 桌面系统）的操作系统。

时下开发 IoTOS 的有 ARM 的 Mbed，Intel 的 Ostro，风河的 Vxworks7，

苹果的 WatchOS，Google 的 Brillo、Fuchsia OS，微软的 Windows 10 IoT，Linux 基金会的 Zephyr（Linaro、中兴等 4 家企业正在开发），Pebble 的 FreeRTOS，庆科的 MICO，华为的 LiteOS，阿里巴巴的 YunOS 等。采用不同内核、以剪裁方式构建具有颠覆性跨平台融合型的 IoTOS，可充分获得常规操作系统（桌面 / 移动）庞大的软件生态的强大支持，也有采用“云 - 端”分布式的开发思路。综上所述，以 Google、Linux 基金会的 Fuchsia、Zephyr 为代表性的开发跨平台融合型的 IoTOS 有相当难度，至今尚在探索开发中；Zephyr 项目是一款小型可扩展的操作系统，尤其适合于资源受限的硬件系统，可支持多种架构、高度开源、可二次开发、高度模块化的平台，可轻松集成任何架构的第三方库和嵌入式设备，但是否具备良好的跨平台功能，尚需拭目以待!

（2016 年 5 月 11 日）

3.6.4 再评 Fuchsia OS

我在 2016 年 5 月 11 日首评 Fuchsia OS。

Google 开发 Fuchsia OS 始于 2014 年。（Fuchsia OS 的 Git 代码历史始于 2014 年，2016 年 8 月正式登陆 GitHub）Google 期望能开发出全球新一代开源、跨平台的操作系统（提高异构平台生态的兼容性），这种超前的设计理念引起国内外企业的关注和跟进（如 Facebook、微软、华为、阿里巴巴、腾讯等）。

2015 年开始，Fuchsia OS 首选物联网（IoT）为搭载的硬件终端（实践“万物互联”的目标），其目的在于消除物联网的碎片化，提高安全性，要求 Fuchsia OS 内核的小型化和实时性（响应快、短延时），即能覆盖或兼容由大小不同物件构成的物联网。

这时 Fuchsia OS 采用微内核（Magenta，后更名为 Zircon）、移动 UI 框架（Flutter）、模块化，实践 IoT 跨平台设计理念。

2018年，Fuchsia OS把跨平台理念引申到智能手机和桌面PC上面，并实现了开发设计重点的转移。在手机方面，其目的在于取代安卓和IOS；在PC方面，其目的企图取代Windows。但要Fuchsia OS操作系统搭载智能手机和桌面PC这样的硬件终端运作比之搭载物联网运作要复杂得多，而且会遇到很厚的专利墙的障碍，全面取代安卓、iOS以及Windows也会遇到困难（出现兼容性盲点）。2018年，Fuchsia OS开始在荣耀Play手机、与华为合作的Nexus6p手机上进行测试（测试Fuchsia代码），并在Intel NUC桌面PC上进行测试。在此之前，也在PixelBook平板电脑上进行了测试。

Fuchsia OS的计划开发周期为2015—2020年，共6年（后延长1年至2021年完成，则实际开发周期为7年）。

Fuchsia OS的测试通过了，搭载平板电脑和PC也实现了试生产，但搭载手机至今尚未能实现量产，其原因：①取代安卓时出现一些兼容性盲点，取代Windows时难度更大；②绕开“专利墙”障碍的工作正在进行中；③生态建设有难度，进度缓慢，从近半年的代码commit（调拨）数量来看，第三方贡献者基本来自OPPO与中兴，贡献量小于0.5%；④不够成熟（见4.2节我与Linus的炉边谈话）。Fuchsia OS在开发设计过程中出现的上述问题，可作为我国自主开发开源的、跨平台的（或多场景的）、分布式总线等结构的操作系统时的参考。

第 4 章　炉边谈话和获奖情况

4.1 陆首群与 Linus Torvalds 于 2018 年 6 月 25 日进行首次“炉边谈话”[⊖]

2018 年 6 月 25 日，LC3 China 2018 在北京开幕。（LC3 是 Linux 基金会主办的开源盛会，包括 LinuxCon、ContainerCon、CloudOpen，主要关注在 Linux、容器、云技术、网络、微服务等领域的多种前沿开源议题）。会议期间，中国开源软件推进联盟主席陆首群教授与 Linux 和 Git 创始人 Linus Torvalds 择时举行“炉边谈话”。

当时双方实际上是多人参加的，Linux 基金会方面参加的有 Linus Torvalds、Jim Zemlin（Linux 基金会执行董事）、Greg Kroah-Hartman（Linux 基金会 Fellow、Linux 内核稳定版负责人）、Dan Kohn（云原生计算基金会 CNCF 执行董事）、Dirk Hohndel（VMware 高级副总裁兼首席开源官）、陈泽辉（Keith Linux 基金会亚太战略计划总裁）等，中方参加的有陆首群、刘澎（COPU 秘书长）、梁志辉（COPU 常务副秘书长）、陈绪（COPU 常务副秘书长）、宫敏（北京凝思科技董事长）、陈钟（北京大学教授）、丁蔚

⊖ Linus Torvalds 作为 Linux 和 Git 的创始人，一直被视为国际开源领袖和创始人之一。2018 年他首次来到中国参加 LC3 大会，并跟陆教授进行“炉边谈话”。炉边谈话，是美国总统罗斯福利用大众传播手段进行政治性公关活动的事例，后来被广泛用于形容比较亲切的会谈。

（COPU 副秘书长）、陈伟（COPU 专家委员会副主任）、鞠东颖（COPU 副秘书长）、荆琦（北京大学副教授）、刘明（COPU 专委委员）、陈越（COPU 专委委员）、谭中意（COPU 副秘书长）等。

陆首群教授与 Linus Tovalds 合影

在谈到开源发展方向时，陆主席说：“自 2017 年开始，LF 启动了 LC3 跨界研发基于开源的深度信息技术和现代创新机制，是否为探索开源运动发展机遇创造条件？”LF 方面表示赞同，Linus 指出要加强中外交流，鼓励中方与外界沟通。Jim 指出，这是一个公开的、跨国的合作平台，不受贸易摩擦影响。

在谈到中国开源发展前景时，Linus 认为要争取政府支持，政府带头特别重要。在谈到建设开源生态系统时，陆主席谈我们正在抓以 API 为核心的应用（软件）生态和以 DPI 为核心的内核（硬件）生态，建立维护制度也是建设生态系统的重要环节，中国一些企业对建立维护制度重视不够，陆主席提出，维护和开发同等重要。

Linus 和 Dirk 说，维护人员首先应是开发人员，要加强开发人员和维护人员之间的沟通，不仅沟通代码，还要对代码做出解释，说明它是做什么的，没有沟通就不可能做好维护工作。Jim 说：“ Linux 基金会关于如何建设开源生态圈，有一个中文文档，请 Keith 负责交给陆主席。”陆主席回复说由 Jim 监督。

Jim 还说：“我们准备在中国开展开源教育培训工作（包括要实行认证制度），推动开源项目的开发和应用。”Greg 说：“如果你们选择开发 Linux 操作系统，它可支持各种不同的 CPU（硬件）。”

在谈到云原生孵化器开发云原生容器化时，Dan 提出这里面有不少是中国人开发贡献的成果。陆主席指出，选择国内的应用愈来愈多，除华为、阿里巴巴、腾讯等大企业外，一些中小企业（如九州云等）也已开始应用。

陆首群说：“对于 CNCF 云原生容器化，过去我也有误解，原来云原生容器化发生在上层，不会导致下层的云迁移，但 Kubernetes（K8S）采用引导一个混合使用容器管理和编排的市场，所谓混合使用即公有云、私有云、混合云都可用 K8S 的管理编排，跨平台利用资源进行容器管理，以提供微服务，形成一个云编排市场。”Dan 表示这个理解是正确的，并说：“陆教授，我们将于今年 11 月份在上海召开 CNCF 的国际会议，邀请您参加。”最后，根据 Jim 提议，大家在一起合影。

Linux 基金会代表与 COPU 代表合影留念

4.2 陆首群与 Linus Torvalds 于 2019 年 6 月 25 日再次进行“炉边谈话”

2019 年 6 月 25 日上午，中国开源软件推进联盟的陆首群教授与前来上海参加 KubeCon + CloudNativeCon + Open SourceSummit 的 Linux 基金会的 Linus Torvalds 和 Jim Zemlin 举行了“炉边谈话”，就操作系统的未来发展、Linux 基金会的路线图（或开源的路线图）以及与中国开源社区的合作前景展开了充分交流。

以下为“炉边谈话”记录。

“炉边谈话”参与人员合影

陆首群：当前一些中外企业都在开发新一代操作系统，这些操作系统的主要特点是开源、微内核、跨平台、海量应用，请问你如何评价操作系统开发的这种趋势？

Linus ：陆主席，我猜你刚才谈到的这些新的操作系统包括 Google 开发的 Fuchsia OS 项目。我认为这些项目可能用于某些专用领域。Fuchsia OS 主要针对硬件资源有限的计算领域，例如传感器。Linux 设计和开发的目标不特地针对某些应用场景，而是作为综合应用。当然我希望 Fuchsia OS 能够成功。但是开发一个操作系统内核并不难，困难的是需要很多的开发者开发设备驱动，同时需要大量的硬件支持。在过去的 30 年里，Linux 的开发遇到了很多的困难，有一些困难，例如安全，导致了开发进度的延缓。我们通过解决这些问题积累了丰富的经验，面对竞争我们有必胜的信心。

陆首群：如你所说，Linux 已经有 30 年的历史，在这个代码演进的过程中，一定会产生很多的垃圾，同时还需要满足各种用户的新需求，Linux 是否有些臃肿，如何能够不断更新自我？

Linus：你说的对，确实有垃圾产生和积累的问题，30 年来，Linux 的开发一直在不断自我更新，但是我们更多的是做增量级的调整，而不是破坏性的变化，例如我们通过调整架构增加内存的利用效率。

陆首群：当前的中美贸易摩擦给开源代码的推广带来了很多不确定性，以前我曾与 Jim 交谈，Jim 认为只要是遵循开源许可证的开源代码就不会受到出口管制的影响。但是我们知道，开源代码里面可能会包含知识产权，如专利技术，或者含有专利技术的标准。请你进一步谈谈这些专利的使用是否会受到出口管制的影响。

Jim：当前中美贸易摩擦加剧，美国政府对中国一些企业实行 EAR 时，Linux 基金会率先发表声明，开源代码和开源技术不受 EAR 管制。出口管制政策不会影响公开信息的共享，包括开放源代码运动。我们认为专利授权与出口管制是两个问题。

所谓开源代码专利侵权是一个重要的问题。Linux 基金会在过去的 10 年里与“开放创新网络”（Open Innovation Network，OIN）合作，我们希望通过这个合作协调解决开源的专利侵权问题。我们最近与 OIN 合作从法律意义上定义 Linux，包括如何从法律上定义 Linux 文件、库和模块。我认为 OIN 一定非常欢迎中国公司的加入，参加 OIN 董事会需要缴纳两千万美金的费用。

陆首群：Linux 基金会利用自己的人才、资金、资源、影响力优势，最近跨界开展对基于开源的深度信息技术的研发工作，成绩卓著，有力推动了开源运动的发展。Linux 基金会开展此项活动已有 3 年，我看是否到了总结此项运动的时候了，国内很多单位参加了 Linux 基金会组织的这项研发工作，另外也有一些单位单独开展大数据、云计算、人工智能、区块链等研究，如何把上面两个积极地协调或结合起来，进一步壮大声势，注重实效。

Jim：我们确实应该研究陆教授的意见。

陆首群：下面我请华为的肖总谈两句。

肖然：首先感谢 Linux 基金会对于华为的支持和对开源运动的贡献。华为从参加基金会的开源项目研发中受益良多，我们的很多技术是基于 Linux 或开源的。我们同时是开源的受益者和贡献者，华为承诺将继续全力支持开源运动。

陆首群：下面请陈莉君教授也讲几句。

陈莉君：我从 1999 年开始接触 Linux 以来，一直致力于 Linux 的教学和研究，翻译了多本 Linux 教程和资料，培养了一批 Linux 专业人才。但是现在我有一些困惑，比如随着 AI 等新技术的发展，导致学生们对于 Linux 内核的研究兴趣逐渐转移到这些新技术的领域。

Linus：内核技术从来都不是吸引学生兴趣的技术，在我读大学的时候就没有关于内核的课程了，所以内核技术研究只是适合于一部分人。

陈莉君：我的 Linux 内核 MOOC 项目希望能请到第一线的企业工程师参与，分享经验，希望 Linux 基金会能够支持。

陆首群：这项要求希望得到 Linux 基金会的支持，是否由 Jim 负责？

Jim：赞成，此项具体工作由 Keith 负责。

炉边谈话（续）

（同日下午，陆首群教授与 Linux 基金会内核维护者、院士 Greg Korah-Hartman 继续进行炉边谈话。）

陆首群：请你谈谈对 Google Fuchsia OS 的看法。

Greg Korah-Hartman：Google 的 Fuchsia OS 采用微内核，比 Linux 慢 30 倍，凡是采用微内核的操作系统，运算速度都相当慢。Fuchsia OS 是针对某些问题专用的。

陆首群：哪些问题专用的？

陆首群教授与 Greg Korah-Hartman 合影

Greg Korah-Hartman：如手机市场，就是其一个专用市场。很高兴看到 Google 在这个方向进行探索。写内核容易，写硬件驱动并支持很多要难得多。Fuchsia OS 不光有内核，还有图形库、用户界面……如果它开发出来并开源，Linux 产品也可拿过来用。

陆首群：Linux（内核）是否比较臃肿？

Greg Korah-Hartman：Linux 内核一直在重写（如 3 年前我们重写了日志系统）。修改内核要保证外部使用不受影响，老的接口要持续保留足够长的时间，以保证版本的一致性，重写内核，把垃圾去掉，让系统跑得更快。

4.3 所获荣誉情况一览

4.3.1 国际开放源代码实验室（OSDL）于 2005 年聘请陆首群教授为特别顾问（Expert Advisor）

2000 年 9 月，IBM、HP、Intel、Oracle、NEC、日立、富士通 7 家企业宣布，它们将与 Linux 社区的志愿开发人员合作，创建和资助一个用来开发和测试新版本 Linux 操作系统的中心实验室。

2000 年 12 月，这些企业在美国俄勒冈州的波特兰市创建“开放源代码实验室（Open Source Development Labs，OSDL）”。它们作为这个实验室的发起人，每年各出资 100 万美元，以资助 Linux 研发工作，创造 Linux 发展的良好环境。这些企业组成了 OSDL 理事会，负责 OSDL 的监管工作，首届理事会由 IBM 的 Ross Mauri（IBM 资深副总裁、主机系统事业部总经理）任主席，并聘请 Stuart Cohen 任 OSDL 主任。OSDL 实验室的研发人员以 Linux 社区的志愿开发者、测试者、维护者、管理者为主，后来不断有人加入，OSDL 取得了发展。上述 7 家企业所组成的 OSDL 理事会，后来也有所扩大，如将 Novell 纳入作为 OSDL 新的理事单位。OSDL 成立的信息当时传到中国也引起了很大震动。

2003 年 6 月，Linus Torvalds 离开了一家名叫 Transmeta 的小公司（进入这家公司是为维持其无偿开发 Linux 的开销及生计），正式加入了 OSDL，随后有一批开源资深专家（如 Andrew Morton）也加入了 OSDL。

2005 年 5 月 10 日，Stuart Cohen 代表 OSDL 聘请陆首群为 OSDL 特别顾问（Expert Advisor）。

2005 年 8 月，陆首群赴美，在 Cohen 陪同下与 OSDL 理事会主席 Ross Mauri 会晤（陪同 Ross 与陆首群会晤的还有时任 OSDL 副主席的 Novell 的 CTO）。

OSDL 主任 Cohen（右二）聘请陆首群（右一）为特别顾问（Expert Advisor）

Cohen（右三）向陆首群颁发聘书

注：陪同人员有平野正信（左三，时任全球联盟 Global Alliances 副总裁），以及中国工程院院士倪光南（左二）

OSDL 理事会主席 Ross Mauri（右）与陆首群（左）

注：OSDL 理事会主席 Ross Mauri 时任 IBM 资深副总裁、主机系统事业部总经理

OSDL 理事会主席（右）、副主席（左）与陆首群（中）会晤

注：OSDL 理事会副主席 Alan Nugent（左），时任 Novell CTO

Ross Mauri（中）、Cohen（右二）、平野（右一）等与陆首群合影

随后，Cohen 还陪同陆首群与 OSDL 众多研发人员如 Andrew Morton 等会面。

Cohen（右）、Andrew Morton（左，Linux 内核开发大师）与陆首群合影

2007 年，由 OSDL 与自由标准组织（Free Standards Group，FSG）合并成立了 Linux 基金会。基金会设董事会，由 Jim Zemlin 担任执行董事。Linux 基金会实行会员制，不同层级会员以不同出资额度支持 Linux 基金会开发工作的顺利运转（当然不同层级会员在 Linux 基金会中享有不同权益）。

时任自由标准组织（FSG）所长的 Jim Zemlin 访华

Linus Torvalds 是 Linux 的创始人，1991 年 10 月 5 日发布 Linux V0.01（约 1 万行代码），Linux 在全球开源运动中是迄今发展最快、贡献量最大的开源操作系统。2012 年，Linus Torvalds 因其在 Linux 内核和 Linux 开源操作系统方面做出的杰出贡献荣获“2014 IEEE 计算机先驱奖”及“千禧年技术大奖”（相当于技术界的诺贝尔奖）。Linus 一直引领着 Linux 社区、OSDL 实验室、Linux 基金会中 Linux 的发展，但他为人低调务实，始终没有离开程序员的工作。

Linux 创始人 Linus Torvalds 中与陆首群（右）在日本合影

4.3.2 东北亚（中日韩）开源软件推进论坛于 2006 年向陆首群教授颁发“开源特殊贡献奖”

2006 年 4 月 17 日，在中国天津召开的第四届“东北亚开源软件推进论坛”上，中国开源软件推进联盟主席陆首群教授被授予“开源特殊贡献奖”。

4.3.3 Linux 基金会于 2017 年授予陆首群教授“推进开源终身成就奖”

2017 年 6 月 19—20 日，Linux 基金会首次在中国（北京国家会议中心）召开 LC3（LinuxCon、ContainerCon、CloudCon）会议。在会上，Linux

基金会授予中国开源软件推进联盟名誉主席陆首群教授“推进开源终身成就奖”。Linux 基金会执行董事 Jim Zemlin 先生在颁奖仪式上高度评价陆教授，他说：“我与陆主席是相识 10 多年的老朋友，他一直关心开源运动，积极推进包括 Linux 在内的开源项目在中国、亚洲和世界的发展，做出了很多杰出贡献。10 年前我对与陆教授的一次谈话记忆犹新，我们讨论了中国正在成为全球技术领先者及开源大发展在这一转型中将发挥的关键作用，10 多年之后，像华为、阿里巴巴、百度、腾讯等公司，它们不仅在开源技术方面，而且在全球 IT 经济中处于领导者的地位。陆教授于 10 年前正确地预测到这一趋势。我对陆教授一直心怀感激！”

对于陆主席的卓越贡献，Linux 和 Git 创始人 Linus Torvalds 先生说：“陆主席，感谢您对中国全部开源事业做出的杰出贡献！”

Apache 基金会创始人、Linux 基金会基于开源的区块链 Hyperledger 项目负责人 Brian Behlendorf 先生说：“感谢陆首群教授一直以来对于开源的信念、热情和远见。”

Linux 基金会内核稳定版维护者 Greg Kroah-Hartman 先生说：“感谢陆主席过去很多年对于开源的全力支持，祝福您在未来的日子里继续推动这一卓有价值的工作。”

Linux 基金会授予中国开源推进联盟名誉主席陆首群教授
“推进开源终身成就奖”

4.3.4 云原生计算基金会（CNCF）于 2019 年授予陆首群教授“开源领袖奖”

2018 年 11 月 14 日，世界著名开源基金会——云原生计算基金会（Cloud Native Computing Foundation，CNCF）执行董事 Dan Kohn 代表 CNCF 在上海召开的首届 CNCF & KubeCon[㊀]国际开源会议上向中国开源软件推进联盟名誉主席陆首群教授颁发“开源领袖奖”，并颁发“表彰中国开源之父”的奖状，以表彰他对中国开源事业乃至全球开源事业的突出贡献。

开源领袖奖奖杯

“表彰中国开源之父”奖状

㊀ KubeCon 是 Linux 基金会举办的，参与人数最多的开源盛会。2018 年首次在中国上海举办。

陆首群教授接受颁奖，右一为 Dan Kohn

陆首群教授讲话

第 5 章　开源访谈记（及准确理解开源）

5.1 准确理解中国和世界开源的发展[⊖]

1. 开源的历史

（1）开源概念的提出

1998 年 4 月 7 日，在美国加利福尼亚州 Palo Alto，18 位“自由软件运动领袖”召开了“Freeware Summit”高层会议，4 月 14 日后改名为“Open Source Summit”，会上发布了开源的概念（开源 /Open Source 一词由 Christine Peterson 于 1998 年 2 月 3 日提出），至今 34 年。

（2）世界和中国开源的发展历史

其实开源的历史始自“前 UNIX”（1970 年为 UNIX 元年），“前 UNIX”是开源的，到 1977 年 AT&T 公司将 UNIX 实行私有化，开源成为闭源（1977 年至今闭源的 UNIX 称为“后 UNIX”）。

在“前 UNIX”时代（1970—1977 年），BSD 是“前 UNIX”开源的分支，1977 年以后的“后 UNIX”实行闭源后，BSD 独立继续开源（1977 年至今）。

所以世界开源的历史始自 1970 年开启的“前 UNIX”，至今 52 年。1985 年，Richard Stallman 开发 GNU 自由软件，发表《GNU 宣言》，GNU

⊖ 2021 年，“开源”被写入“十四五”规划后，社会上掀起开源的热潮，不过有很多人对开源的理解有歧义，陆教授有感于此，写下此文。

自由软件吸收“前 UNIX”和 BSD 的开源成果，开发推出 Emacs 等编译器等自由软件（Free Software），至今 37 年。

1987 年吸收“前 UNIX”、4.3 BSD 和 GNU 的成果，为教育目的开发了 Minix，1991 年 Linus Torvalds 在 Minix 基础上开发了 Linux 操作系统（Linux 0.01）。Linus 承认其为 GNU Linux（自由软件），但他更喜欢采用 Linux（开源软件）。Linux 问世以来至今 31 年。

因此，世界开源的发展历史，其起始时间有三个节点：1970 年、1985 年、1991 年。

1991 年，中国与 AT&T Bell labs 和 USL/USG 合作，引进 UNIXSVR 4.2 版本源代码（全球唯一，但属于“后 UNIX”闭源时期），并发布了中文版本，合作组建了中国 UNIX 公司；中方同时也引进“前 UNIX”开放的源代码。

1999 年，中科红旗、中软网络、冲浪平台在引进 Red Hat 公司 Linux 发行版的基础上，分别推出了最早的 Linux 中文版本。

因此，中国开源的发展历史，其起始时间有两个节点：1991 年、1999 年，至今分别为 31 年、23 年。

2. 开源与自由软件

开源与自由软件是从两个角度看待同一事物，开源侧重于从技术层面上讲，自由软件侧重于从被许可的权利层面上讲。人们常常使用“自由开源软件”这个统一的概念，即 FLOSS（Free/Libre Open Source Software）。

人们在开发新软件时，欲利用、移植或剪裁现有的开源 / 自由软件资源，这是允许的，也是方便做到的，但这里有一个制约条件，即人们不能违背开源 / 自由软件许可证的规定，中断或破坏被应用、移植或剪裁的开源 / 自由软件自由传播的特征（在自由传播时，自由软件许可证比开源许可证的规定更为严格），即人们不可侵犯开源 / 自由软件的知识产权。自由软件、开源软件、闭源软件与新软件之间的关系如图 5-1 所示。

今天，开源的发展比之于自由软件更接地气！发展得更加蓬勃普及。

3. 开源的特征

COPU 于 2016 年提出：

创新、开放、自由、共享、协同、绿色、民主。

开源的核心特征如下：

创新是主轴；

开放、共享、协同是其核心特征；

自由传播是开源运动的要义。

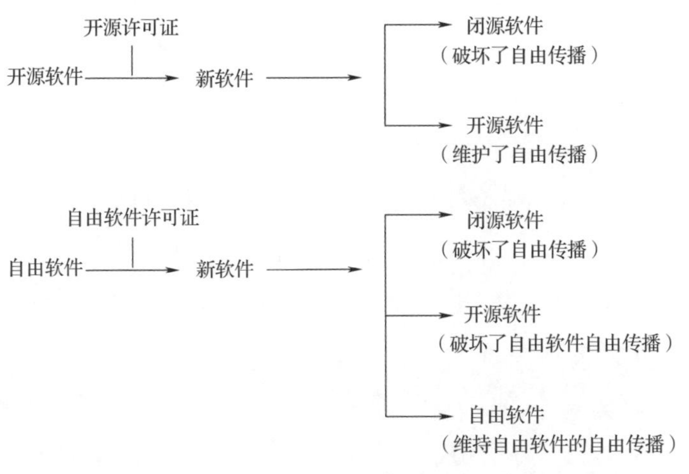

图 5-1 自由软件、开源软件、闭源软件与新软件的关系

4. 开源与创新

“互联网 + 基于知识社会的创新 2.0”是开源创新的基础理论（2005 年由 COPU 提出 CPHS，后来获得 LF 大师们的确认）。

它与工业 4.0、工业互联网机制相通，与最近提出的元宇宙（Metaverse）概念相似，都是利用开源渠道，将知识社会、虚拟化的实验空间中的技术、管理、资源等要素，作用于现实的工业社会、物理空间中的业态（生产的、技术的、经济的、社会的），促使其产生 0→1 的爆发性重构。

5. 开源的重大应用

1）开源软件的协同特征有力支持未来互联网发展中分布式数字主权的建

设（见 COPU 于 2021 年 12 月 8 日应邀在“互联网治理论坛”上的发言）。

2）利用开源技术修复和重建遭受破坏的供应链并迎接供应链中的安全挑战（LF 开源大师 Jim 和 Brian 应邀于 2022 年 1 月 13 日在美国白宫会议上发言，获得广泛共识）。

3）LF 成立旗下跨界基金会（建立开源孵化器），支持全球开源推动深度信息技术（云原生、大数据、物联网、移动计算、区块链、人工智能等）创新。

4）2015 年美国人工智能四巨头——Google、微软、Facebook、IBM 为克服人工智能发展瓶颈，共同在当年对其研究的人工智能的框架、工具、软件本体实行全面开源。

5）自 2017 年百度对研制自动驾驶实行开源以来，百度 Apollo 自动驾驶平台（全球最大）到 2020 年已发布了 9 个版本。从 2020 年百度发布的 Apollo 6.0 版本来看，Apollo 开发者社区已拥有全球 97 个国家、5.5 万名志愿开发者（涵盖全球 221 多所高校、308 多家科技公司、57 家车企），支持百度进行自动驾驶的研发工作。

另外，截至 2020 年，Apollo 拥有生态合作伙伴 210 家（囊括全球主流汽车制造商、一级零部件供应商、芯片公司、传感器公司、交通集成商、出行企业等），覆盖软硬件完整的产业链、供应链。

6）如今，开源已经成为全球的一种创新和协同模式，世界各国对开源本体和生态系统实行创新，并协同共建分布式数字主权和供应链。

6. 建设开源高地、科技高地、创新高地、人才高地

2006 年 COPU 提出并建设震惊世界的“高地”学说并付诸实践。

当年 COPU 聘请世界开源领袖、资深大师数十人（当年为 20 多人，后来发展到 40 多人）担任 COPU 智囊团高级顾问（无偿），支持中国开源运动的发展，随后 COPU 又聘请国内两院院士、资深专家和青年才俊数十人组成 COPU 技术委员会，从而形成了两大互相联系、互相促进的开源高地、科技高地、创新高地、人才高地。

7. 中国开源的发展

国际开源大师在《2021 年中国开源发展蓝皮书》中点评中国开源的发展：中国开源发展很快，如今已接近或达到世界先进水平，一些企业开始进入世界领跑者行列，还涌现出杰出的开源领袖。期望中国在开源的教育、标准化、立法、知识产权保护，以及开源社区、基金会、孵化器、开源代码托管平台、风险投资等开源基础设施和支撑体系建设方面，在已取得很大进步的基础上更上一层楼。

两位中外开源专家分别在 2006 年、2021 年（相隔 15 年）谈论中国开源发展态势。在 2006 年，专家们认为中国开源要取得坚实、快速的发展，人才、资金、技术是必不可少的条件，像阿里巴巴、百度、华为、腾讯等一批有实力的中国 IT 技术公司、互联网企业似乎更有潜力，要鼓励它们拥抱开源，积极参与和推动中国开源运动发展。

15 年后的 2021 年，两位专家再次会晤，了解这些公司的开源实践，发现它们不仅在开源技术方面位于前列，而且在 IT 经济中也处于领导者地位。

8. 点评开源

（1）评述开源基金会

纵观国际上开源基金会的研发经营状况，有成功的、有一般的、有困难的、有破产的。开源基金会获得非常成功者不多，Linux 基金会是唯一的非常成功者，它遇到两次机遇。

自 1991 年 Linus Tovalds 开发 Linux 后，Linus 及团结在他周围的一些人，继续开发和完善 Linux 系统，但 Linus 为了维持他一家人的生计，被迫到一家叫 Transmeta 的小公司打工。

Linux 系统发展的第一次机遇是，IBM、Intel、HP、Oracle、Novell（后来加入）及富士通、日立、NEC 这 7 家企业于 2000 年 12 月，创建 OSDL（开放源代码实验室），为资助 Linux 研发工作，每家企业出资 100 万美元，共筹集资金 800 万～ 1 000 万美元。

3 年后（2003 年 6 月）Linus 才正式加入 OSDL。2007 年，OSDL 与自

由标准化组织 FSG 合并，成立 Linux 基金会。

Linux 系统发展的第二次机遇出现在 2016 年，Linux 基金会跨界成立其旗下的深度信息技术基金会，瞄准开源深度信息技术（云原生、区块链、人工智能等），构建孵化器、接纳会员加入，分档次收取会费（白金、黄金、白银等级的会员），这样 Linux 基金会便拥有雄厚的资金（约 1.2 亿美元），便于凝聚人才，研发新技术。国外开源基金会靠社会集资或捐助进行研发工作，经营状况一般会比较困难，如著名的 Apache 软件基金会，原来依靠社会集资资助时，他们的主席及骨干，需要到一家公司中任职，以维持他们日常的生计及无偿的研究，他们中一些人在外出开会时连交通、住宿费也难以负担。近年来，他们学习 Linux 基金会的经验，举办孵化器，开始向会员收费（他们的收费标准不足 Linux 基金会的 1/10）。

国外跨国公司（如 IBM、Intel、微软、Google 等）一般在其内部成立 Linux 技术中心（LTC）或开源技术中心（OTC），进行开源研发工作，他们是领工资的，资金（包括研究经费）有保证。

（2）谈开源许可证

开源许可证是开源运动的目的和特征的集中体现，开源许可证体现了保护著作人或企业知识产权归属的价值取向。一般全球性的开源许可证均需获得开源促进会（OSI）批准。

目前影响力大，被广泛应用的开源许可证有 GPL、LGPL、BSD、麻省理工学院等 10 个左右。

Richard Stallman 力推采用 GNU 通用公共许可证（GNU General Public License），Linus Torvalds 认为自己开发的 Linux 可归属 GNU Linux（自由软件），但他更多地使用去 GNU 的 Linux（开源软件），他采用一般通用的公共许可证也就是去 GNU 头衔的 GPL（General Public License）。

在这里谈谈国内于 2019 年 8 月发布的“木兰宽松许可证（MulanPSL)”，这是首个通过 OSI 认证的国内开源许可证（也是中英双语开源许可证）。它基于我国法律语境，属于构建开源生态、保持技术体系一致化、规范数据集使用这三类不同应用需求的木兰许可证族。

（3）谈开源概念的扩展

有人提出开源是指开源软件，其实这只是开源早期（指 20 世纪 90 年代）的概念。

有人提出开源是将源代码、设计文档或其他创作内容开放共享的一种技术开发和发行模式。简而言之，开源指开源软件 + 软硬件设计文档，这是共享经济或创客早期（美国于 21 世纪前 10 年，中国于 21 世纪第二个 10 年中期）形成的概念。

时至今天，开源覆盖面扩大了，开源的概念扩充了。

开源指开源软件、开源硬件、开源生态、开源技术、开源社区、开源经济、开源商业模式、开源理念、开源文化、开源教育、开源许可证、开源基金会、开源孵化器、开源数字化治理体系、开源标准等的总称。

（4）点评开源生态系统

开源生态系统并不是由纯开源软件组成的，其中也包含闭源软件（如 GMS 中的 Google 地图、Gmail、Youtube 等）。

开源生态分为微观和宏观生态两类，产品或操作系统的开源生态一般为微观生态。

开源操作系统的生态包括①建立 API（应用程序接口）应用级生态，开发大量应用程序，通过 API 传达指令调用执行应用程序；②运行在特定硬件平台上的操作系统通过其提供的稳定的驱动接口（DPI）内核级生态，下达指令调度各种硬件（CPU、外设等）资源，为执行应用程序服务。

国家、地区或大企业的开源生态指开源基金会、开源孵化器、开源社区、开源供应链、开源许可证、开源代码托管平台，以及开源政策、开源标准、开源治理体系等，其中最为核心的是开源基金会 / 开源社区、开源许可证、开源供应链、开源政策、开源数字化治理体等。

（5）开源产品版本创新和开源社区开发机制

开源社区开发开源产品的社区创新版本（或称社区版，开源、免费，一般半年发布一个创新升级版，以体现及时创新）；开源企业在社区创新版基础上，进行二次开发，发布一个对开源产品可提供长期支持的长期支持（Long Term Support，LTS）版本（这种版本一般两年发布一次），而完善的 LTS 版本可称为开源产品的商业发行版（或称产品发行版，不免费）。

企业选取一个或数个社区创新版，对其性能进行修改、优化、测试、打磨等二次开发，并将其优化成果汇集到一个 LTS 版本中，使之具备高性能和稳定性的优势。而完善的 LTS 版本还要包括配置安全模块和商业模式，实行二进制转换，由运维团队检出漏洞打补丁（FixBug，Patch），并可向产品的操作系统构建生态。这样的开源产品的商业发行版（即完善的 LTS 版本）是要收费的（也不再向用户公开源代码，用户需要可从免费的社区版上获取，LTS 版本与社区版上的源代码很多是一致的但也有不同的）。Richard Stallman 赞扬 Linus Torvalds 最大的贡献是创建开源 / 自由软件分布式的社区开发机制。开源社区开发机制是开放环境、分布格局、社区组织、自由参与、大众开发、协同创新、资源共享、民主讨论、测试认证、对等评估、维护升级。

（6）谈开源的商业模式

Red Hat 在全球率先推出开源操作系统的商业模式，它们将服务确定为商业模式，实行开源软件免费、服务收费。但这种商业模式后来暴露出不少缺陷。

一些企业将开源操作系统与电信营业、PC 销售捆绑在一起，由电信、PC 在销售中收费，开源从中提成。这种商业模式后来也暴露出一些问题，有待改进。

对于开源软件的发行版本，一般社区创新版是免费的，而基于社区版开发的企业版（或商业发行版）是需要收费的。企业版是基于稳定的社区版构建的，并配置安全模块和商业模式，进行二进制转换，开发硬件 / 芯片，建设生态和主导运维。

Apache 创始人之一 Brian Behlendorf 于 2007 年访华期间与我们有一

段谈话：开源是利他主义（Altruism）的，或者说是共产主义（Communism）的，专用软件或私有软件当然是利己主义（Egoism）或资本主义（Capitalism）的，而开源的商业模式也是利己主义的。利他主义的开源与利己主义的商业模式结合在一起才能为开源做贡献。开源既含共产主义因素也含资本主义因素，既是商业的又是公益的或个人爱好的，而且还是学术的。

9. 开源生态基础设施和支撑体系的建设

国际开源大师在点评《2021 年中国开源发展蓝皮书》中谈到期望中国在开源基础设施和支撑体系建设方面，在已取得很大进步的基础上更上一层楼。

10. 点评开源时应注意要对开源理论基础进行深入研究

互联网 + 基于知识社会的创新 2.0 运作机制在对国内外进行调研时，要坚持调研—质疑—辩论—对比—独立分析，避免肤浅、失准！

（2022 年 2 月 5 日）

5.2 开源访谈记[㊀]

关于开源所扮演的角色

隆：请谈谈开源在科技创新、信息化过程中的角色认识

陆：开源已成为全球科技进步至关重要的创新渠道，开源创新体系建设是我国科技自立自强的重要途径

开源在科技创新、信息化过程中一定程度上扮演了主导性的角色。“互联网 + 基于知识社会的创新 2.0”是开源创新的机制和基础性理论，即利用开源渠道，将知识社会，虚拟化的数字实验空间中的技术、管理、资源等要素，作用于现实的工业社会，物理空间中的业态（生产的、技术的、经济的、社会的），促使其产生 0 → 1 的爆发性创新，推动业态重构。

开源推动深度信息技术（云原生、大数据、物联网、移动计算、区块链、

㊀ 本文是根据中国科学院科技战略咨询研究院副研究员隆云滔就开源问题对陆首群教授进行访谈的记录所做的整理。

人工智能等）的发展，基于开源的深度信息技术是当代创新的主流。

美国研发人工智能四大重镇——Google、微软、Facebook、IBM 为了克服人工智能发展瓶颈，于 2015 年将其研发的人工智能（包括框架、工具、软件本体在内）全面实行开源。

据 Gartner、LF 统计，在当前世界 500 强企业中，排在前列的 IT 企业、互联网公司，改变了传统的开发设计方式，即由原来在企业内部进行专业性的开发设计，转变成充分利用开源资源在企业外部进行开发设计。

隆：感谢您对开源的持续贡献，相比您在 20 世纪 90 年代大力引入 UNIX 的时代比，当前我国开源发生了哪些变化？

陆：1991 年我们与 AT & T 公司 Bell Labs-USL/USG 合作开发 UNIX SVR4.2 版本（这是“后 UNIX”，源代码是闭源的，可中文版 UNIX SVR4.2 是开源的），而我们同时也引进“前 UNIX”（1970—1977 年）开源的代码。“前 UNIX”（开源）或中文版 UNIX SVR4.2 的 ATI 应用编程接口 /POSIX 跨平台标准传承给了现代计算机系统，使应用软件产生跨平台的可移植性。

总而言之，中国于 20 世纪 90 年代引进 UNIX 时，当时中国开源处于萌芽状态，今天中国的开源已经成为软件发展的主流，创新的动力。

隆：开源在整个信息化、互联网技术发展中起到什么作用？

陆：现代互联网是基于开源的理念、技术和应用建立起来的。COPU 应联合国互联网治理论坛（IGF）的邀请（与印度政府、Google、哈佛商学院、GitHub 分在一组）于 2021 年 12 月 6—10 日参加讨论“未来互联网公共政策问题（互联网治理生态系统和数字合作）”，COPU 的发言题目是：基于开源的分布式数字主权的建设。以开源为底层配置的深度信息技术是构成现代创新引擎（互联网 + 创新 2.0）的要素，是推动数字化转型、提升智能化重构的驱动力。

隆：开源创新作为国家战略在“十四五”规划中首次提出，您觉得有什么深刻含义？

陆：开源创新作为国家战略在“十四五”规划中提出，支持数字技术、开源社区等创新联合体发展，完善开源知识产权和法律体系，鼓励企业开放软件源代码、硬件设计和应用服务。

这对推动中国开源的发展，加强中国开源基础设施的建设，加强政产学研合，推动开源发展，有十分重要的意义。

开源软件是早期开源的概念。文中提到的开源（开放软件源代码、硬件设计和应用服务）是共享经济、创客经济时代开源的概念。开源随着时代进步，今天已取得了全面发展，开源还需要适应时代的发展。

关于开源创新体系、开源生态构建

隆：开源生态构建体系的关键元素有哪些？您曾提到开源管理体系、开源政策也是开源生态的关键组成部分，请您再详细分析开源创新发展需要政策支持的内在机理。

陆：我正好看到 Linux 基金会执行董事 Jim Zemlin 先生写给我的信中的一句话，我就引用他的话：开源生态已经被证明是最伟大的创造发明之一，或者说是引擎之一。它产生的效果是令人震撼的，现今开源已经让大多数人的代码能够应用到各种各样的技术中。

开源生态系统不是由纯开源软件组成的，其中也包含闭源软件，如安卓的生态系统 GMS 中的 Google 地图、Gmail、YouTube 等。

开源的生态分为微观和宏观生态两类。产品或操作系统的开源生态为微观生态。开源操作系统的生态包括①建立 API（应用程序接口）应用级生态，开发大量应用程序，通过 API 传达指令调用执行应用程序，②运行在特定硬件平台上的操作系统通过其提供的稳定的驱动接口（DPI）内核级生态，下达指令调度各种硬件（CPU、外设等）资源，为执行应用程序服务。国家、地区或大企业的开源生态为宏观生态。

宏观生态指开源基金会、开源孵化器，开源社区，开源产品链、供应链，开源许可证、知识产权保护，开源代码托管平台，以及开源政策、开源标准、开源治理体系等，其中核心的是开源基金会 / 开源社区、开源许可证 / 知识产权保护、开源供应链、开源治理体系、开源政策等。开源治理体系涉及基于开源的分布式数字化主权建设，开源政策为互联网基于开源的公共政策，两者均是推动开源发展、发挥开源生态体系潜力的关键元素。

隆：如何激发草根在开源创新中的热情？草根与精英阶层在开源世界的贡献体现在哪些方面？其背后的驱动力差异是什么？

陆：我在 2017 年出版的《开源、创新和新经济》书中谈到中美创客潮中草根与精英的问题。对于创客活动和目标，中方主流为创业就业，美方主流为优化产品结构，提高企业竞争力，也有出自个人爱好兴趣，享受自由创意转变为现实的乐趣。对创客活动的支撑，中方在强调市场配置资源的决定性作用的同时，政府在扶持中也起到重要作用，美方则完全依赖市场机制，政府不作为。中方提倡“大众创业、万众创新”，形成规模宏大的创客潮，美方创客潮的规模要小得多，也没有太多激情。中方创新大多建立在开源共享的平台上，美方过分主张专利保护。

总结经验，对中方创客活动中的草根，要保护其激情，但要进行培训，建立辅导制度，加强在人才、技术、资源、资金上的配套，鼓励他们拥抱开源，追求 0 → 1 的创新。

隆：当前我国开源人才发展存在哪些问题，影响我国开源人才培养的关键因素主要体现在哪些？

陆：① 我国开源至今在大专院校内尚未纳入开源教育课程，需要教育部批准这方面的教育改革方案。

② 2019 年 Linux 基金会准备在中国开办开源大学，师资、经费、教材均可由 Linux 基金会统筹，但有待教育部批准。

③ 开源需要培养掌握开源技术和法律的两栖人才，这是一个全球性的问题，我们正在与 Linux 基金会等机构洽谈合作中。

隆：对我国开源创新发展的生态构建，您觉得当下开源生态要素齐全的前提下，我国在开源生态构建方面，需要在哪些方面持续发力？

陆：① 国际开源大师在对《2021 中国开源发展蓝皮书》所提建议中说：“我们期望中国在开源教育、标准化、立法、知识产权保护，以及开源社区、基金会、孵化器、开源代码托管平台、风险投资等建设方面，在已取得很大进步的基础上更上一层楼。”这正是我们在开源基础设施和支撑系统建设方面，或开源生态构建方面的持续发力点。

② 我在前面谈到，开源生态构建体系中的关键元素是建设开源治理体系、制定开源政策、用开源技术建立 / 完善供应链，这是持续发力点。

关于中美开源比较

隆：纵观中美开源发展水平，你觉得美国在开源创新方面的优势有哪些?

陆：必须指出，美国一些著名的基金会，如 LF、ASF 等，既可看作美国的机构，也可看作全球性机构。LF 自己认为，Linux 基金会已经成为最重要的世界的开源基金会，会员来自全球 40 多个国家和地区，总数超过 1300 个。

2004 年我国成立中国开源软件推进联盟，聘请全球开源领袖和资深大师担任智囊团高级顾问，在国外产生了巨大的影响，两年后的 2006 年美国学习中国，也成立了美国开源软件推进联盟和智囊团。

据 LF 统计，在云原生基金会孵化器中，美方参加者和获得的成果居第一，中方居第二。

从总体上说，美国开源在人才、创新水平上高于中国，中美差距还不小，但近年来差距正在迅速缩小。

隆：美国政府在开源战略方面，除了鼓励要求政府和机构采用和发布开源软件外，美国政府历史上还有哪些或是否有过专门针对开源产业发展的政府政策?

陆：① 美国政府在共享经济发展早期曾发布过支持开源产业发展的政策，近年来美国政府颁发了推动开源 / 数字化发展和应用的有关政策和法律条款。

② 近年来美国政府无理打压华为、大疆、商汤等中国企业，实施断供 (EAR)，要求在美注册营业的企业、机构，甚至执行反开源的政策。LF 带头发表开源白皮书以抗衡，随后 ASF 等开源组织跟进 LF 的行动。

③ 美国政府打压、破坏中国的供应链，适得其反，这种打压使美国的供应链陷于破坏、崩溃的状态。近期，美国政府希望采用开源协同技术恢复、

重建业已破坏的供应链，它们求助于开源组织（邀请 LF、ASF 赴白宫讨论）。

隆：我国开源软件供应链安全是否受到美国出口管制的限制？

陆：我国供应链安全确实受到美国出口管制的打压和限制，特别是芯片和华为智能手机供应链的安全受到美国出口管制的限制。

为了保护国家关键的基础设施（银行、能源、国防、医疗保健等）的安全，消除它们供应链中广泛使用的开源组件或应用程序中存在的漏洞造成的影响，Linux 基金会于 2021 年 12 月 23 日成立了其旗下的开源安全基金会（OpenSSF），由 Brian Behlendorf 担任总经理，提出应对开源软件供应链安全挑战的关键举措。

Brian 在 OpenSSF 成立会上谈到，在美国供应链软件上，发现了 Apache 的一个 ApacheLog4j 开源软件包中一个严重的漏洞，导致出现 Log4Shell（命令行解示器）严重的混乱（达到整个行业内四级警报）。

2022 年 1 月 13 日，美国白宫举行“供应链安全”研讨会，邀请 Jim、Brian 做报告。他们两人在报告中指出，供应链安全问题，不是美国独家的问题，是全球性的问题，期待全球开源生态系统（包括网络安全、供应链软件安全）合作取得进展。

（COPU 于 2022 年 1 月 18 日在其《会议纪要》中公布了这些对策。）

OpenSSF 迎接供应链安全挑战对策建议如下：

① 建立一个安全运维团队，及时发现并处理软件漏洞；

② 定期进行安全扫描（开发 CI 工具），检查发现软件漏洞；

③ 对关键代码进行安全审计；

④ 使用测试框架；

⑤ 移除易受攻击的依赖项；

⑥ 使用软件包数据交换（SPDX）标准和软件物料清单（SBOM）格式追踪依赖关系发现修复漏洞；

⑦ 对维护人员提出要求，维护开源软件内部去漏洞和提倡供应链国际合作。

关于企业或机构促进开源发展

隆：我国如何调动头部互联网企业（IT 企业）在开源生态构建的积极性，特别是开源软件的底层技术布局方面？

陆：近年来，我国在解决"缺芯少魂"（芯片、操作系统和生态、工业软件）短板方面，调动了企业和研究机构的积极性，取得了广泛可喜的成果，对研发开源软件的底层技术布局方面，也取得了很大进展。

隆：我国开源发展过程中，哪些机构或组织发挥了重要作用，具体体现在哪些方面？

陆：中国开源软件推进联盟（COPU）、中国电子信息产业发展研究院（CCID）、中国信息通信研究院（CAICT）、中国电子技术标准化研究院、国家工业信息安全发展研究中心、CSDN、开源中国（社区）、Gitee 代码托管网站、木兰社区、开放原子开源基金会、鹏城实验室、中国科学院计算机研究所、清华大学、北京大学、浙江大学等，在发展基于开源的深度信息技术（如云原生、移动计算、大数据、区块链、人工智能等）方面、在建设开源基础设施和支撑系统方面、在支持企业研发开源操作系统和生态方面、在建设开源孵化器方面做了大量工作。其中开放原子开源基金会在接受阿里巴巴、百度、华为、浪潮、腾讯、360、招商银行的捐赠后，目前在孵化中的项目有：AliOS Things、XuperChain、OpenHarmony、PIKA、TKEStack、UBML、TencentOS Tiny、openEuler、OpenAnolisOS、OpenCloudOS等。天河、神威·太湖之光、龙芯等正在研发 E 级超级计算机（浮点运算峰值速度达百亿亿次/秒，即 10^{18} 次/秒）；中科院九章计算机研发出 76 个光量子的量子计算原型机，运算速度达 10^{30} 次/秒；木兰社区已开发完成木兰许可证（经国际 OSI 批准中英文双语许可证）；中科院计算所参与研发以开源 RISC-V 为主体的硬件芯片架构及生态，研发 loog Arch 架构超级服务芯片（CPU 处理器）。中芯国际、紫光展锐、比亚迪、上海微电子等正在解决 28nm 芯片量产问题和攻克 7nm、5nm 高端芯片问题。

隆：我国开源发展过程中，哪些企业发挥了重要作用，有哪些值得总结的经

验与不足？

陆：华为、阿里巴巴、腾讯、百度、小米、京东、浪潮、京东方、麒麟软件、银河麒麟、商汤、龙芯、深度、凝思、中国移动等企业在攻克“缺芯少魂”短板方面（包括中芯国际、比亚迪、紫光、上海微电子等在攻克高端芯片及实现芯片量产方面）、在自主研发开源操作系统（手机、桌面、服务器、嵌入式、物联网）和生态方面，在发展 5G 通信方面，取得了很大进展。

其中，华为、中兴研发 5G（并支持 5G 运行服务）；华为开发鸿蒙（OpenHarmony）操作系统和建设生态，开发欧拉（OpenEuler）操作系统；阿里云开发龙蜥（OpenAnolis）操作系统，深度开发 Deepin 操作系统；龙芯开发 Loog Arch 指令系统；阿里巴巴研发阿里云（居全球第三）；小米研发语音识别系统（Kaldi-2）；百度研发自动驾驶和无人驾驶（在 L4 路况下，居全球前列）；商汤研发人脸识别（居全球领先）；中移动研发 Open-O 开放网络平台（现在已经用来管理 80% 移动互联网用户）。

关于开源经济与管理理论

隆：您在《开源、创新和新经济》一书前瞻性地提出开源经济（分享经济、创客经济），请问时隔 5 年后，您是怎么看待开源经济的？是否有一个相对明确的界定？

陆：我在《开源、创新和新经济》书中，提出开源经济（分享经济 + 创客经济），这是一个有点超前的概念，我在书中列表比较了开源经济与市场经济，现在可以界定的概念有：开源经济的提法虽然超前，但目前已确实存在，开源经济和市场经济是平行发展的；从目前情况来说，市场经济是全面的，开源经济是局部的，但我还认为作为社会主义市场经济，开源经济发展前景是良好的，但目前是缓慢的。

隆：开源经济与之前的信息经济、互联网经济、智能经济、软件和信息服务经济之间的区别有哪些？

陆：区别是有的，但它们之间还存在交叉融合，如在分享经济中也包含互联网平台经济。它们之间的区别主要表现在发展阶段上的些微差别，如书中谈到以新经济来概括，这时对信息经济应冠以早期信息经济，而早期的智能制造似应归在其他类中。在书中我又谈到从新经济发展到数字经济，这时智能经济应是高端数字经济。

归纳起来：

1）目前全球所处的社会还是工业社会，不是信息社会。

2）信息社会与工业社会是不同阶次的社会。

3）数据→信息→知识→智能是处于同阶社会（如信息社会）的不同分层。

4）我在书中提新经济，包括（早期）信息经济、互联网经济、软件和信息服务经济、开源经济（见 2.14 节）。

5）开源经济（包括创客经济、分享经济）。

其实有时严格区分是困难的，如我在书中谈到分享经济，包括租赁经济、互联网平台经济。

我在书中说明，分类不必过于严格，并可以重复！

但信息经济之前必须冠以早期。

6）开源经济提得有点超前，但与美国经济学家杰里米·里夫金的观点是一致的。请你看一下 2.8 节中市场经济和开源经济的图表，看来有几点是确定的：

① 开源经济是现实存在，它正在发展；

② 开源经济和市场经济是平行发展的；

③ 当前，市场经济占大头，开源经济占局部。

关于开源政策与战略

隆：我国是否需要从顶层设计上加强对开源产业的发展，出台相关政策来支持开源发展？

陆：开源已成为创新国家建设的战略需求，我国确有必要从顶层设计上加强对开源产业的发展，目前我们正在编制《2022 年度中国开源软件发展蓝皮书》，期望在此基础上，研制相关政策以支持我国开源的发展。

在出台相关政策时，我国急需制定开源的教育和人才培养政策，制定国家关键基础设施（银行、能源、国防、公共卫生／防疫等）开源供应链的安全政策，抓紧开源立法保护知识产权。

隆：未来开源软件漏洞是否可作为国家战略资源？在国家层面有相应立法，是否可组织专门的运营团队？

陆：Jim 和 Brian 在“迎接供应链安全挑战”的报告中建议：“建立开源软件供应链，确保其安全活动”“保护国家关键基础设施（银行、能源、国防、医疗保健等）的安全。”

我认为，及时消除供应链中软件的漏洞（包括避免出现巨大的漏洞），保护国家关键基础设施安全，是极其重要的，因此对“迎接供应链安全挑战”中的一些重大举措（或对策），如进行国家安全监督和安全审计，可以提请国家立法。

在建立关键供应链所涉及的各行业、企业内部当然应成立一支高素质的维护团队。

（2022 年 2 月 17 日）